浑河中游水污染控制与水环境综合整治技术丛书

城镇化河流"一河三带"修复技术与对策

钱　锋　于会彬　宋永会　彭剑峰　谢晓琳　著

科学出版社

北　京

内 容 简 介

本书依托"十二五"国家科技重大专项水体污染控制与治理"浑河中游水污染控制与水环境综合整治技术集成与示范"课题,以辽河流域最大的城市沈阳市为对象,针对城镇化进程中的水环境污染和水生态退化问题,系统研究了可持续城市水环境系统的构建理论与方法,提出了典型河流城市带、城镇带、农村带"一河三带"理念及其治理修复对策措施。全书共5章,按照城镇化进程中河流水环境问题诊断和关键因子识别、水环境修复技术,以及可持续城市水环境系统构建理论与方法的思路进行组织,旨在为城镇化河流水环境治理、管理和水生态修复提供理论与技术支撑。

本书可供从事流域区域水污染治理与管理工作的科研和工程技术人员、生态环境管理者,以及高等院校和科研院所师生参考。

图书在版编目(CIP)数据

城镇化河流"一河三带"修复技术与对策 / 钱锋等著. —北京:科学出版社,2022.7

(浑河中游水污染控制与水环境综合整治技术丛书)

ISBN 978-7-03-072515-8

Ⅰ. ①城… Ⅱ. ①钱… Ⅲ. ①浑河-水污染防治-研究 Ⅳ. ①X522

中国版本图书馆 CIP 数据核字(2022)第 101124 号

责任编辑:王喜军 程雷星 / 责任校对:樊雅琼
责任印制:吴兆东 / 封面设计:壹选文化

科学出版社 出版
北京东黄城根北街 16 号
邮政编码:100717
http://www.sciencep.com

北京中石油彩色印刷有限责任公司 印刷
科学出版社发行 各地新华书店经销

*

2022 年 7 月第 一 版 开本:720×1000 1/16
2022 年 7 月第一次印刷 印张:8 1/2 插页:1
字数:171 000
定价:98.00 元
(如有印装质量问题,我社负责调换)

前　言

随着城镇化进程加快，城镇化区域规模不断扩大，人口急剧增加，经济社会快速发展，也产生了资源短缺、环境污染、生态破坏等一系列问题。随着我国重点流域水污染防治规划的持续实施，尤其是 2015 年《水污染防治行动计划》的实施，城市水环境治理取得了重大进展，但水环境污染和水生态破坏仍是城镇化进程中最突出的生态环境问题。可持续城市水环境系统构建，已成为新时期水环境治理和水生态修复的重大需求，因此急需在城镇化进程中对水环境问题科学诊断和关键因子精准识别的基础上，开发适用的水环境修复技术，开展城市水环境系统理论和方法研究，为建设可持续城市水环境系统奠定基础，以支撑国家"十四五"流域生态环境保护规划中提出的"有河有水、有鱼有草、人水和谐"总体目标。

本书基于国内外城市水环境发展历程和现状分析，识别城镇化进程中河流水环境所面临问题；选择典型城镇化区域河流，开展水环境调研、监测和分析，揭示其流域区域空间分异特征；针对河流水环境营养物污染和水生态退化等问题，研发水体富营养化控制、水生态修复和水环境管理技术，为水污染治理和水生态修复提供支持；开展可持续城市水环境系统构建理论和方法研究，以此为指导，结合城镇化区域河流水环境空间分异特征，研究提出"一河三带"的治理修复理念和对策，以及相应的技术系统。以上工作将城镇化过程河流共性化的问题识别和治理管理理论研究，与典型河流个性化水生态环境问题诊断及相应治理修复技术的研发结合起来，体现了从普遍性问题发掘到典型性案例问题剖析，再到普遍性理论研究及其对治理管理实践进行指导的思路，试图为城镇化发展过程中河流水环境的分区分段差异化治理和流域综合管理提供新的思路和科学对策。

全书共分为 5 章：第 1 章为绪论，系统介绍了城市水环境功能和城镇化过程对水环境的压力，梳理了国内外对城市河流治理的研究现状，剖析了我国城镇化进程中典型城市河流水环境治理和水生态修复存在的关键问题。第 2 章为研究方案与分析方法，包括样品采集与分析、景观水体富营养化实验方案、景观水体除藻实验方案和水生植物多样性梯度实验方案；介绍了方案中应用的光谱检测方法以及体积积分、平行因子、自组织神经网络等光谱化学计量学分析方法。第 3 章为典型城镇化河流白塔堡河水环境特征，以城镇化进程中北方寒冷地区典型城市河流——白塔堡河为研究对象,对其生境进行系统调研分析,揭示了河流水体、沉积物间隙水,沉积物的物理、化学、生物、有机物在空间上呈现农村河段、城镇河段、城市河段的空间分布特征。第 4 章为典型城镇化河流水环境修复技术研究,基于白塔堡河水污染特征、氮磷营养物及有机质迁移转化规律,研发了景观水体富营养化机理诊断技术、改性矿物材料景观水体除藻技术、河岸带水生植物净水技术、白塔堡河水质水量联合调度方案;揭示了城镇化河流景观水体富营养化机理,构建了水体除藻-水生植物净化-补水活水协同修复技术体系。第 5 章为城市水环境系统构建理论、方法及应用,包括城市水环境的地理区位、景观生态和低碳经济等理论分析,可持续城市水环境系统构建的原则、内容和方法,提出了典型河流城市带、城镇带、农村带"一河三带"理念及其治理修复对策措施,为城镇化河流水环境治理和水生态修复进行了有益的探索和尝试。

本书的相关研究工作得到"十二五"国家科技重大专项水体污染控制与治理"浑河中游水污染控制与水环境综合整治技术集成与示范"课题资助,在此表示感谢。

本书涉及内容广泛。由于时间紧迫,加之作者水平有限,书中不足之处在所难免,敬请读者批评指正。

作　者

2022 年 2 月

目　　录

主要缩略词

缩略词	英文名称	中文名称
BOD$_5$	biochemical oxygen demand	五日生化需氧量
CDOM	chromophoric dissolved organic matter	有色可溶性有机物
Chla	chlorophyll a	叶绿素 a
COD	chemical oxygen demand	化学需氧量
DA	discriminant analysis	判别分析
DBI	Davies-Bouldin index	戴维森-堡丁指数
DO	dissolved oxygen	溶解氧
DOM	dissolved organic matter	溶解性有机物
EC	electrical conductance	电导率
EDTA	ethylenediaminetetra-acetic acid	乙二胺四乙酸
EEM	excitation-emission-matrix	三维荧光
EM	effective microorganisms	有效微生物群
FRI	fluorescence regional integration	荧光区域积分
GPI	global polynomial interpolation	全局多项式插值
HCA	hierarchical cluster analysis	层次聚类分析
HRT	hydraulic retention time	水力停留时间
IDW	inverse distance weighted	反距离加权
LPI	local polynomial method	局部多项式插值
NH$_3$-N	ammonia nitrogen	氨氮
PAC	polyaluminum chloride	聚合氯化铝
PARAFAC	parallel factor	平行因子
PC	principal component	主成分
PCA	principal component analysis	主成分分析
PCBs	polychlorinated biphenyls	多氯联苯
POM	particulate organic matter	颗粒有机物
SEM	scanning electron microscope	扫描电镜
SOM	self-organization mapping	自组织映射
Temp	temperature	温度
TN	total nitrogen	总氮
TOC	total organic carbon	总有机碳

缩略词	英文名称	中文名称
TP	total phosphorus	总磷
TSA	trend surface analysis	趋势面分析
TSI	trophic state index	卡尔森营养状态指数
XRD	X-ray diffraction	X 射线衍射

第1章 绪　　论

城镇化，是社会由以农业为主的传统乡村型社会，向以工业和服务业等非农产业为主的现代城市型社会逐渐转变的历史过程。我国城镇化经历了起点低、速度快的发展过程。1978～2013 年，我国城镇常住人口从 1.7 亿增加到 7.3 亿，城镇化率由 17.9%提升至 53.7%；2020 年，我国城镇化率已经达到 60%；目前我国城镇化正处于加速发展阶段，未来仍将保持较快的增长势头，预计至 2030 年，城镇化率将达到 65%。

城镇化是我国实现全面小康社会的关键，涉及资源可持续利用、自然生态系统保护、城镇与中小城市的平衡发展等系统工程。随着城镇化的不断扩大，城市水安全受到威胁，水质恶化，水量减少，水生态退化，阻碍了城镇化的可持续发展。有必要针对城镇化河流，分析其水安全、水环境、水资源、水生态压力响应机制特征；研究城市水体富营养化机理，水环境调控提质技术；构建城镇化进程中可持续城市水环境系统理论，形成综合治理与修复的方案和规划，协调水环境、社会和经济之间的关系，以促进城镇化的可持续健康发展。

1.1　研　究　背　景

1.1.1　城市水环境功能

随着城市化进程加快，城市规模不断扩大、人口急剧膨胀，经济社会高速发展，城市水环境系统的军事防卫功能早已消失，交通运输、灌溉与养殖功能也日趋减弱，而防洪排涝、生态服务、人文景观等功能日益显著。因此，城市水环境主要涉及水安全、水资源、水生态、水景观、水文化和水经济六个方面。它们相互联系、相互作用，共同形成了六位一体的城市水环境系统（图 1-1）。水安全、水资源、水生态是城市水环境系统稳定的保障，水景观、水文化、水经济是城市水环境系统环境效益、社会效益和经济效益提升的保障[1]。

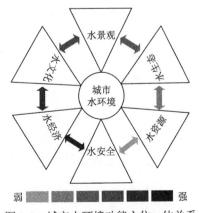

图 1-1　城市水环境功能六位一体关系

1. 水安全

广义的水安全是水资源、水环境和水灾害的综合效应，兼有自然、社会、经济和人文的属性，而狭义的水安全主要是指洪涝灾害[2]。水安全是城市水环境系统的基本要素，是城市水环境系统实现其他功能的基础，对于促进城市经济社会的可持续发展具有重要的保障作用。城市水环境的水安全主要是指防洪排涝功能。随着城市化推进速度加快，城市下垫面的硬质化面积增大，透水与持水能力下降，雨水在短时间内快速汇入河流；人为对河道进行裁弯取直，填河造地，河水流速加快，洪峰历时短，洪峰水位高，导致城市水环境对洪水的调蓄功能丧失[3]。因此，在推进城镇化过程中，要统筹协调影响防洪排涝的自然与人为因素，综合运用工程措施与非工程措施，提高城市水环境的防洪排涝能力。

2. 水资源

水资源是人类赖以生存和发展的重要自然资源之一，具有基础性和不可替代的作用。广义的城市水资源是指城市管辖区域内所有水的总称，包括地表水、地下水、土壤水等，狭义的城市水资源是指城市管辖区域内现阶段能被人类开发利用的地表水和地下水。水资源时空分布具有相对稳定的特征，即在一定的时间和空间范围内，其数量相对固定和有限。显然，城市水资源具有稀缺性和有限性的特点。随着城市化进程加快和城市规模的扩大，对水资源的需求量不断增大；同时工业废水和生活污水大量排放，导致城市水环境水质下降，水生态环境恶化；水资源循环性、流动性的特征必然使整个流域水环境遭受破坏，进一步加剧城市水资源危机[3]。因此，在推进城镇化过程中必须合理配置水资源，发挥水资源的综合效益。

3. 水生态

城市河流是城市水环境系统的重要组成部分，是城市的生命之源，是城市内流动的生态组分和重要功能区[4]。城市河流的生态功能主要包括：为生物提供栖息地，维持水生态系统动态平衡；为有机物、无机物的迁移转化提供通道，通过物质、能量、信息的流动，进行城市水环境的吐故纳新过程；通过河流两岸植被和土壤的调蓄作用，减少城市洪涝与干旱灾害的发生；由于河流的流动性大，河水的比热容高，可以缓解城市热岛效应；河流水体具有自净能力，可以净化水质，减轻水体污染。此外，河流水体能够为居民提供休闲娱乐场所。在推进城镇化进程中，加强生态型城市水环境建设，对于城市生态系统的健康发展具有促进作用，对经济社会、资源、环境的可持续发展具有重要意义。

4. 水景观

水是城市系统的脉络、连接自然的纽带、景观美的灵魂和历史文化的载体，也是城市风韵和灵气所在[5]。城市水景观不仅使人们产生精神和心理愉悦，强化人们心中的地域感，而且可以塑造出美丽的城市形象。广义的城市水景观功能是指城市水体在特定的情形下，能够扩大城市视觉环境，增加游憩空间，净化空气，调节城市小气候，营造健康的生活环境；狭义的城市水景观功能是指水域形态、面积及沿岸带从视觉上对城市的景观美化作用。在推进城镇化过程中，城市水景观要与城市景观体系相融合，可协调城市发展与环境之间的关系，建立良性的城市水景观系统。在宏观尺度上，要梳理城市水环境结构，构建网状或树枝状河流水系骨架，湖库、湿地串缀其间，使其空间分布更均匀合理；在中观尺度上，强调城市水网与路网结合、水网与绿网结合，建立良性的水景观结构；在微观尺度上，打造近水、亲水、观水、傍水平台，构筑多维度的城市水景观系统。

5. 水文化

水文化是社会文化的有机组成部分，是人类在认水、治水、用水、爱水、赏水的过程中积累的物质和精神财富的现象[6]。城市水文化概念有广义和狭义之分，广义上的城市水文化是城市水环境系统在城市形成和发展过程中创造出的物质和精神财富的总和；狭义上的城市水文化是城市水景观对人们所引发的在感官上的刺激，产生内心感受和想象，通过语言、文字、符号等文化载体表现出来的作品和活动。城市水景观是城市文化的载体，而城市水文化的传承与创新是城市水景观可持续发展的必要条件。历史造就城市水文化，城市水文化孕育未来水景观。因此，在推进城镇化进程中，要不断改进城市水环境的空间结构，提升城市水景观功能，创新城市水文化理念，传承以人为本、天人合一的精神灵魂。

6. 水经济

城市水经济是指涉及水的经济活动，主要包括城市供水、用水、城市水生态系统的参与带来的经济变化等方面[7]。城市水经济功能系统框架包括三个层次：从宏观层面上，水资源承载力是城市发展的物质基础。在城镇化过程中，要以水定城市发展，对城市水环境系统进行统筹安排、合理布局与科学管理，辩证地协调经济发展与水环境的关系，保障城镇化的健康发展。从中观层面上，在城镇化进程中，以水资源的高效利用为目的，在协调水环境生态效益与经济发展关系基础上，构建新型、节水、环保的经济系统。通过产业结构调整，优化配置水资源，提高单位水资源消耗的经济产出。从微观层面上，提高工业、农业、服务业的水资源利用效率，降低城市水环境系统中各个环节的用水损耗，实现水资源的高效利用。

1.1.2　城镇化对水环境的压力

党的十九届五中全会指出，坚持实施区域重大战略、区域协调发展战略、主体功能区战略，健全区域协调发展体制机制，完善新型城镇化战略，构建高质量发展的国土空间布局和支撑体系。要构建国土空间开发保护新格局，推动区域协调发展，推进以人为核心的新型城镇化。从局限"区域协调发展"一隅，到上升至全面建成小康社会载体，上升至实现经济发展方式转变的重点[8]。城镇化在实现全面建成小康社会的实践中占据越来越重要的地位。城镇化是一个系统工程，需要走节约集约利用资源、保护自然生态和文化特征、大中小城市和小城镇并举的可持续发展之路[9]。城镇建设是我国经济发展的重要组成部分，是我国城市化过程的必经之路[10]。

改革开放以来，我国城镇化进程明显加快。国家统计局的数据显示[11]，2020年中国常住人口城镇化率超过60%，远超1978年的17.9%。随着人口急剧增加、经济迅速发展、城镇规模扩大，资源枯竭、环境污染、生态破坏等一系列问题越来越严重，与之相关，我国城镇生态环境也面临着巨大挑战[12]。

城镇规模的不断扩大，威胁城市水环境安全，对河流的形态和生态环境都产生了严重的影响，造成水资源量减少，水环境质量不断恶化，富营养化不断加重，水生态系统严重衰退，城市水功能降低，人居环境品位不断下降，严重制约着城镇化的可持续发展。城市河流的严重破坏与退化已被公认为一个全球性的生态环境问题[13]。

1. 城镇化改变河流形态

河流作为重要的自然资源和环境载体，在为城市发展提供优越条件的同时，受人类活动干扰也最强烈。全世界大约有60%的河流经过了人工改造，包括筑坝、筑堤、自然河道渠道化等[14]。城镇化对河流形态的影响主要表现在自然河流的渠道化，包括以下三个方面：一是河流形态的直线化，即将蜿蜒曲折的天然河流进行裁弯取直，改造成直线或折线形的人工河流或人工河网；二是河道横断面的规则化，把自然河流截面的复杂形状变成梯形或矩形等规则几何断面；三是河床材料的硬质化，河道的边坡及河床采用混凝土、石块等硬质材料衬砌，原先的土质或散卵石质的河床被覆盖[15]。

2. 城镇化增加入河污染物

全世界各城市每年排入水体的工业废水和生活污水达5000亿t以上，城市河流污染类型多样，主要包括有机物污染、重金属污染、酸碱污染、细菌病毒污染等。随着城市化发展，城市污水排放总量不断增长，但污水的处理率并没有同步提高。生活污水以及含磷洗涤剂、化肥、农药等，成为河流中植物营养物的主要来源，它们能引起水体富营养化[16]。此外，城市的生活污水含有病毒、细菌、寄生虫等病原体，能传播疾病。据美国环境保护署（U.S. Environmental Protection

Agency，USEPA）资料，下水道等环境污水中存在 100 多种不同血清型的肠道病毒[17]。冶金、炼焦、塑料、石化等行业的发展，产生了大量含有有机污染物和重金属的工业废水，河流遭受严重污染，既影响了城市河流的水质，又影响了城市景观，破坏了城市生态环境，使人们的健康和生活受到危害。

3. 城镇化破坏河流生态系统

1）河流渠道化引发水生态系统的退化

渠道化改变了自然河流蜿蜒型的基本形态，急流、缓流、弯道及浅滩相间的格局消失，而横断面上的几何规则化，也改变了深潭、浅滩交错的形势，生境的异质性降低，水域生态系统的结构与功能随之发生变化，特别是生物群落多样性也随之降低。城市内河河岸衬砌后，岸边的生物种类减少 70% 以上，而水生生物也只相当于原来的一半[18]。

2）河流自净能力降低，乃至丧失

自然河道中生存着大量动物、植物和微生物，它们都有吸收或降解污染物的作用[19]。河水的复氧功能要通过自然曝气、水生植物和藻类的光合作用来保证。城市河流的水流速一般都较慢，这使得河流的自然曝气复氧功能基本丧失。河岸用水泥或石块护衬后，割裂了土壤沙石上寄生的大量微生物与水体的联系，使水体、土壤与生物环境相分离，河流失去部分自净功能，加剧了河道水污染的程度。将河岸进行护衬后，河岸变得非常光滑，原来能够对进入河流的污水进行过滤的植被消失，这也使河流的抗污染能力被削弱，而只有尽量维持河道的生物多样性，才能保证河流具有一定的抗缓冲能力。

3）城市河流非连续化对水环境的影响

由于建设规划等，城市中大量建筑物的建设不可避免地会将原先连续的河流截断，并对河床进行重新改造，导致河水流向与状态紊乱。某些流动河流变成了相对静止的人工湖，某些河水流速大大降低。由于河水流速非常低，在水体中的营养盐得不到及时的迁移和降解，在原处不断地蓄积，水质恶化。在春夏季气温较高时，藻类繁殖具备充足的营养条件，产生水华现象[20]。藻类的大量繁殖使得水面被覆盖，严重影响了沉水植物的采光，进而影响了其生存。沉水植物的死亡腐烂还会大量消耗水体的溶解氧（dissolved oxygen，DO），进而影响水体中动物的生存。

1.1.3 我国城市河流污染现状

我国是一个水资源短缺、水灾频繁的国家，水资源总量居世界第六位，人均占有量只有 220m³，约为世界人均水量的 1/4，在世界排第 110 位，已被联合国列为 13 个贫水国家之一[21]。我国城市化处于快速发展时期，由于城市化、工业化和老旧城市排水体制不健全等一系列问题，许多城市存在不同程度污染问题。2015 年国务院印发《水污染防治行动计划》，经过近年的大力治理，至 2020 年，全国地表水监测的 1937 个水质断面（点位）中，Ⅲ类以上水质断面占比上升至 83.4%，劣Ⅴ类占比下降为 0.6%，水质不断提升。但从国家地表水考核断面水环境质量排名可以看出，我国城市水环境仍然表现出较为明显的区域特性[22]。

水污染事故的发生，使得我国本来十分紧张的水资源供给形势更加严峻。2012 年 12 月 31 日，山西天脊煤化工集团股份有限公司发生一起苯胺泄漏事故，造成邯郸市区从 2013 年 1 月 5 日下午起突发大面积停水。2020 年 3 月 28 日，黑龙江省伊春鹿鸣矿业有限公司钼矿尾矿库溢流井发生泄漏，导致约 253 万 m³ 尾砂污水进入下游依吉密河，造成突发环境污染，威胁下游伊春铁力市饮用水水源地和松花江水环境安全。2021 年 4 月 19 日，铁岭市境内的辽宁华电铁岭发电有限公司发生灰场溢流口灰水泄漏事件，灰水流入辽河干流，污染了水环境。城市水环境污染，影响生态环境安全和居民身体健康，制约经济社会可持续发展[23]。

1.2　国内外研究现状及存在的问题

1.2.1　微宇宙模型应用研究

微宇宙（microcosm），是指人为设计建造的具有生态系统水平的小型生态系统模拟单元。按照所模拟生态系统的类型，微宇宙可以分为陆生微宇宙、水生微宇宙和湿地微宇宙。水生微宇宙包括模拟海洋、河流、湖泊生态系统的各种类型[24]。

近年来，微宇宙模型主要应用于水环境污染机理和水体富营养化机理的研究中。魏泰莉等通过模拟水生微宇宙，研究了城市河流中多氯联苯（polychlorinated biphenyls，PCBs）的行为，包括 PCBs 在各分配相中的含量、分布以及迁移、富集等[25]。黄玉瑶等[26]研究了包括池塘微宇宙、中宇宙和水陆模型生态系统在内的三种模型池塘生态系统，证明了它们是评价、研究和预测在生态系统水平上有机污染物迁移转化的便宜之法。毕相东等[27]采用微宇宙法分析了黄连素对模拟池塘生态系统水质指标的变化、养殖动植物及浮游动植物生物量的影响。梁恒等[28]利用微宇宙模型研究了水库内藻类生长与常规水质指标的相关性，构建了 TP-Tem 预测方程。张毅敏和金洪钧[29]应用微宇宙模型，探讨了不同浓度梯度的乙二胺四乙酸（ethylenediaminetetra-acetic acid，EDTA）对铜在模拟系统中的毒性和分布的影响。

水生微宇宙是模拟城市河流水体富营养化全过程，了解富营养化成因的有效技术[30, 31]。刘书宇等[32]应用小型微宇宙模拟了城市河流富营养化过程，研究了水体富营养化机理。在水体富营养化防治方面，一方面，研究人员研究大型水生植物对微型藻类生长的抑制作用，揭示抑制机理，探索利用大型植物抑制藻类生长的方法，应用于尚未出现严重水华，但富营养化严重有潜在水华危险的湖泊[32]；另一方面，研究水华大量形成情况下，大型水生植物耐受胁迫的能力，以期利用其恢复大型水生植被，实现对严重富营养化湖泊的生态修复[31]。

1.2.2 水体富营养化除藻技术研究

1. 机械除藻

用机械措施打捞水体中的藻类，可在短期内快速有效地去除水体中的藻类。该办法简单、副作用小、机械措施可重复使用，但需要耗费大量的人力和物力，而且随着藻类的生长，需要不断地重复打捞。对于有商业价值的藻类，打捞藻类可得到较好的经济效益，但是对于许多富营养化湖泊，往往没有单纯的、良好的藻类资源，打捞藻类难以取得相应的直接经济效益[33]。

2. 化学除藻

化学除藻方法主要有药剂杀灭法和絮凝法。目前应用最广泛的杀藻剂是硫酸铜。化学药品可快速杀死藻类，通常会带来暂时的效果。但是长期使用低浓度的化学药物会使藻类产生抗药性而继续繁殖，同时死亡藻类所产生的二次污染及化学药品的生物富集和生物放大对整个生态系统的负面影响较大[34]。因此，除非应急和健康安全许可，化学杀藻一般不宜采用。

1.2.3 生物−生态修复技术研究现状

水生态系统是由生产者、消费者和分解者构成的，其中，生产者以水生植物为主，包括挺水植物、沉水植物、浮叶植物、漂浮植物及湿生植物；消费者主要有鱼类、底栖动物、浮游动物等；分解者主要有细菌、真菌，原生动物、小型无脊椎动物等异养生物。控制生物体之间的关系链可以调整水体中营养物的循环和释放过程。生物技术是利用水生生物吸收水体中的氮、磷等营养物质或利用水生生物之间的生态关系，控制水体富营养化发展、改善水质的方法。

1. 栽培植高等水生植物

水生植物主要有挺水植物、浮叶植物、漂浮植物及沉水植物。水生植物不仅吸收水体和沉积物中的养分，分泌产生化感物质，抑制浮游植物生长，而且对水生态系统的物理、化学及生物学特性有重要影响。水生植物被广泛应用于削减水体营养盐负荷、净化水质、抑制藻类生长、调节水生态系统等。Blindow 等[35]认为生物调控后水体能否保持清水状态，很大程度上取决于恢复的水生植物的发展。在西方国家，许多水体富营养化程度较低，在实施高强度污染控制及生物调控等措施后，不少水生植被可以自行恢复。我国的许多水体富营养化程度很高，水生植物受到的污染胁迫往往超过了其耐受力。根据水生植物对水体中氮、磷吸附能力的不同，采用由挺水植物、浮叶植物及沉水植物等适当配合种植组成的人工复合生态系统，可提高水体的总体净化效率。

2. 放养滤食性鱼类

基于食物链中的"下行效应"原理，可以利用滤食性鱼类控制水体富营养化。食藻鱼主要捕食浮游植物（蓝藻），将藻类危害转化为鱼类蛋白。通过成鱼捕捞，取走水体中的营养物质，从而控制水体富营养化，改善水环境质量[36]。武汉东湖大量放养鲢鳙鱼之后，蓝藻水华在 1985 年起突然消失，有人认为鲢鳙鱼对藻类的滤食是水华消失的决定性因素。

3. 大型浮游动物控制藻类

在水生态系统中，浮游动物直接以浮游植物为食，浮游动物是最重要、最有可能减少浮游植物数量的因素。Shapiro 等[37]首先提出大型浮游动物控制藻类的生物调控措施，大型植食性浮游动物能将藻类生物量控制在极低的水平。捕捞小型杂鱼、增加食鱼性鱼类或者为浮游动物提供庇护措施等都可以增加大型浮游动物的数量。

4. 投加微生物制剂

通过投加复合微生物菌剂，吸收转化氮磷盐，抑制藻类的生长，控制水体富营养化。目前，应用较多的有效微生物群（effective microorganisms，EM）技术，是从自然界中筛选出各种有益微生物，用特定的方法混合培养形成微生物复合体系，其对水体水质有一定的净化作用。李雪梅和杨中艺[38]往富营养化的水体中投加EM 菌剂，两个月后水体透明度提高了 43.3%，水体表面的叶绿素 a（chlorophyll a，Chla）质量分数在 1 个月后下降了 96.5%。

5. 物理生态工程

在城市水体直接建设生态工程，可在水的流动过程中进行水质净化，实现水景观与水生态双赢。生态工程包括：构建城市水体生态廊道，恢复水生植被，建立水体岸边缓冲带，种植少量挺水植丛，恢复河滨水生植物群落，营造岸边观光林带等。污水处理厂出水以地表径流、潜层渗流方式，经缓冲带进入水体；根据氮随泥沙沉降、反硝化作用、植物吸收，磷随泥沙沉降、溶解态磷在土壤和植物残留物之间进行交换等作用机理，缓冲带可有效地阻断面源污染物直接进入水体。

1.2.4　存在的问题

当今，微宇宙技术的应用使人们能够在控制条件下，研究全功能的生态系统，能在生态水平上研究污染物的效应。微宇宙也有其自身的局限性，它是一个微缩的天然系统，不可能维持太长时间，因而无法进行长期的生态实验；微宇宙人为控制可能影响生物间的相互作用，反过来也影响物理条件，导致微宇宙中观测的结果往往不易解释。

当前，还没有任何单一的方法能够彻底去除水中的氮、磷等营养物质，实现水体富营养化的控制。针对目前物理、化学、生物等水体治理技术的研究现状，传统的除藻方法已不能有效、完全地解决景观水体的富营养化问题，寻找较为廉价的净化材料、降低水处理成本、提高净化效率，已成为水环境保护和水生态修复中亟待解决的问题。

目前，河流生态修复的实践主要局限于一些小的区域和河段，正在逐步向流域尺度转变。小尺度下河流生态修复措施效果对生态系统状况改善或生物多样性提高的效果是有限的。同时，河流水生态系统易受岸上周边地区的影响，包括人类活动和自然过程的影响。因此，将流域视为一个复合生态系统，将河流生态系统和陆地生态系统的研究结合起来，在流域尺度下进行河流生态修复的研究，在理论和实践上都是十分必要的，并正在成为新的发展趋势。

1.3　区　域　概　况

作为辽河流域的主要河流之一，浑河全长 415km，发源于辽宁省抚顺市清原县长白山支脉，流经抚顺、沈阳、辽阳、鞍山，到盘锦与太子河汇流成大辽河，在沈阳市境内全长 172km，城市段东起东陵大桥，西至浑河大闸，全长约 32km。浑河流域面积大于 $100km^2$ 的支流有 31 条，其中流经沈-抚城市段的重污染支流有 20 余条（图 1-2）。白塔堡河位于浑河中游左侧，是浑河水系的一级支流，系沈阳市主要河流之一。

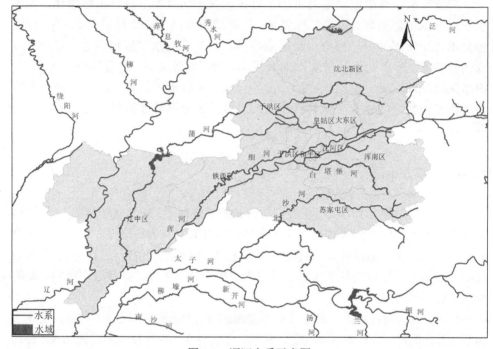

图 1-2　浑河水系示意图

1.3.1　地理位置

白塔堡河是浑河在浑南区境内最大的一条支流，发源于李相街道的老塘峪村，地理坐标为 123°39′6.7″E，41°38′10.8″N，由东向西流经李相街道、深井子街道、营城子街道、五三街道、白塔街道、浑河站东街道等六个乡镇街（区），在曹仲屯村汇入浑河，地理坐标为 123°20′32.4″E，41°43′7.2″N，具体见图 1-3。

1.3.2　地貌特征

白塔堡河流域由浑河冲积平原和长白山余脉的低山丘陵构成，地势由东南向西北逐渐降低。上游位于浑南区东南部，为辽东低山丘陵的边缘，最高海拔187.6m，由源头所在的前老塘峪村蜿蜒向北，流至后老塘峪村转而向西，经石官村、杏树村流至前李相南，向北横穿李相镇、高八寨村，由施家寨村南转而向西南流。白塔堡河由施家寨村进入中游区域，该处正是由低山丘陵到浑河冲积平原的过渡地带，地势较为平坦，平均海拔为 50m 左右。白塔堡河由施家寨流向王

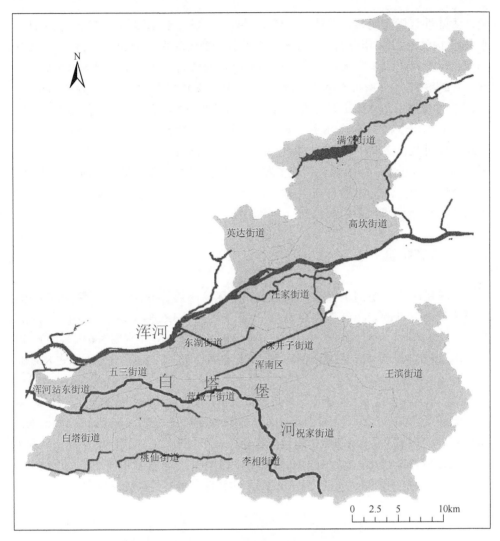

图 1-3　白塔堡河地理位置

宝石寨，经后营城子向西北方向流经沈阳理工大学（简称"理工大"）进入中下游区域。白塔堡河中下游为浑河冲积平原，地势平坦，海拔在 37.8～48.2m，白塔堡河绕经沈阳理工大学向西南横穿浑南区，流至白塔堡镇转向西北，经过沈苏公路桥进入和平区，在曹仲屯汇入浑河[39]。

1.3.3　气候特征

白塔堡河流域处于温带半湿润和半干旱季风气候区。由于东部长白山脉的阻隔，大陆性气候较明显，其特征为冬季严寒、干燥，夏季湿热、多雨。根据沈阳水文站 1961～1990 年资料，白塔堡河流域多年平均降水量为 680.4mm，降水量年际变化较大，丰水年降水量最多可达枯水年降水量的 3 倍以上，年内降水分布不均，主要集中在 6～9 月，约占全年降水量的 70%。多年平均水面蒸发量为 1444.9mm，年内 5 月蒸发量最大，1 月蒸发量最小。多年平均气温为 8.1℃，极端最高气温为 35.7℃，出现在 1964 年 8 月，极端最低气温为−30.5℃，出现在 1966 年 1 月。全年日照时数在 2280～2670h，其中 5 月日照时数最长，1 月日照时数最短。多年平均风速为 3.0m/s，年内最大风速多发生在 4 月、5 月，历年最大风速为 25.2m/s，相应风向为西南，发生在 1961 年 4 月。历年最大冻土深度为 1.48m，最大积雪深度为 28cm，无霜期约为 151d。

1.3.4　水文特征

白塔堡河中上游河道曲折，属宽浅式河床，下游比较顺直，属窄深式河床。流域面积为 178km^2，河流总长 48.5km，河道平均比降 1.65‰。该流域多年平均径流量为 $2.79×10^7m^3$。径流量变化大，枯水期为 $2.07×10^4m^3/d$，平水期为 $6.92×10^4m^3/d$，丰水期为 $9.01×10^4m^3/d$。白塔堡河水组成：自然径流占 1.23%，工业污水占 8.53%，工业园排水占 20.11%，生活污水占 70.13%（图 1-4）。因此，白塔堡河主要接纳浑南区生活污水，径污比低，河流天然补给水量很小，没有混合稀释自净能力。2010 年，白塔堡河为劣 V 类水质，总磷（total phosphorus，TP）和氨氮（ammonia nitrogen，NH$_3$-N）两项指标的年均浓度值超过国家地表水 V 类水质标准，年均浓度值分别为 0.58mg/L 和 8.43mg/L，分别超标 0.45 倍和 3.22 倍；化学需氧量（chemical oxygen demand，COD）年均浓度值为 34.15mg/L，达到地表水 V 类水质标准[40]。

图 1-4　白塔堡河河水组成

1.3.5　经济社会

白塔堡河流域交通便利，流域内公路有 102 国道、沈大、沈抚、沈铁、沈本与沈阳绕城高速公路，沈吉、沈大、沈丹铁路贯穿全境，公路全部实现柏油化。据统计，2019 年，浑南区全区规模以上工业总产值 516.8 亿元，增长 6%；固定资产投资 274 亿元，增长 19%；社会消费品零售总额 453.3 亿元，增长 12%。民生投入 49 亿元，占一般公共预算支出比重超过 70%，民生短板不断补齐，综合文明程度不断提升，高标准通过全国文明城市复检。城镇居民人均可支配收入 49472 元，增长 7%；农村居民人均可支配收入 22278 元，增长 7.8%。

1.4　研究目标及内容

1.4.1　研究目标

解析白塔堡河水质时空分异特征，辨识污染物来源，研究河流水环境营养物、有机物等污染特性，阐述白塔堡河作为典型城市河流的水环境特征；研究城市河流景观水体富营养化机理，研发景观水体除藻技术与水生物净水技术，建立城市水环境水质改善方案；探究城镇化进程中可持续城市水环境系统的构建理论与方案，探寻城市水环境管理机制。

1.4.2　研究内容

针对浑南河流水网生态系统退化严重、生物多样性单一等问题，研究浑南水环境特征、修复技术及管理技术，研究城市水环境系统构建理论与方法，支撑城市相关治理管理。

1. 典型城镇化河流——白塔堡河水环境特征研究

以浑河支流——沈阳市白塔堡河为研究对象，采集河流上覆水、间隙水、底泥样品，分析理化、生物特征，研究时空变化规律，解析污染源特征。利用光谱技术，研究河流水体和沉积物有机物组成与结构特征。应用多元统计方法，揭示有机质时空变异规律。

2. 典型城镇化河流水环境修复技术研究

应用微宇宙模型，研究浑南水系景观水体富营养化机理，结合白塔堡河水量、水质特征，研发白塔堡河水环境调控提质技术。研究制备改性材料，研发富营养化景观水体除藻技术。以挺水植物、浮叶植物、沉水植物为主，构建河流生态系统，研究不同功能型水生植物对水质的梯度净化作用，研究城市河流河岸带水生植物净水技术。基于水量调控、藻类控制、水生植物净水技术，集成城市河流富营养化景观水体控制技术体系。

3. 城市水环境系统的构建理论、方法及应用研究

分析城镇化对水环境的压力与响应机制，研究城市水环境的地理区位、水循环、低碳经济与景观生态等构建理论，明确构建城市水环境系统的可持续发展、生态优先与区域差异等主要原则，阐述城市水环境系统构建内容。提出城镇化进程河流"一河三带"理念，即农村带、城镇带、城市带。研发典型城市河流的农村带平面修复、城镇带线面修复和城市带立体修复技术，集成形成"一河三带"的水环境修复技术体系。

1.5　关键问题分析和技术路线

1.5.1　关键问题分析

（1）我国城镇化进程中北方寒冷地区典型城市河流的水安全、水环境、水资源、水生态压力响应机制特征。

（2）城市景观水体富营养化发生机理及其管控技术系统。

（3）我国城镇化进程中可持续城市水环境系统的构建理论、方法、应用。

1.5.2　技术路线

通过分析我国城镇化进程中北方寒冷地区典型城镇化河流的自然地理、人文地理、水环境、水资源、水生态特征，揭示河流水质时空分异规律，研究城市水体富营养化机理及水环境调控提质技术，构建城镇化进程中可持续城市水环境系统理论。基于以上成果，形成综合治理与修复的方案，协调水环境、社会和经济之间的关系，以促进城镇化的可持续健康发展。具体的研究技术路线见图 1-5。

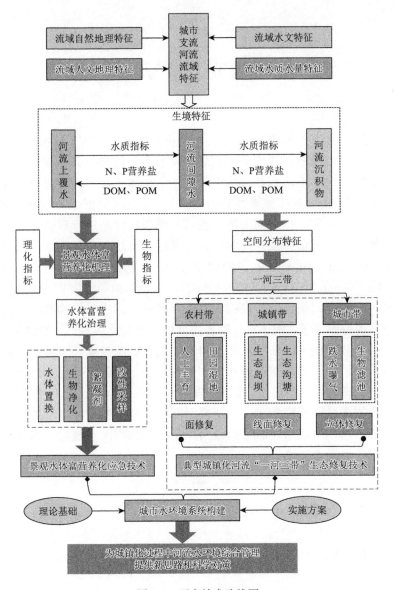

图 1-5 研究技术路线图

POM 表示颗粒有机物（particulate organic matter）

第 2 章 研究方案与分析方法

城镇化河流水质受环境条件、水力学特征和生态禀赋等诸多因素影响。为系统、深入了解典型城镇化河流——白塔堡河的水质特征及其演变规律和影响机制，研发适用的水环境治理和水生态修复技术。本章在典型城镇化河流——浑河中游一级支流白塔堡河干流设置 17 个采样点位，支流设置 15 个采样点位，并分别于丰水期、平水期、枯水期采集上覆水和沉积物样品进行理化分析，以揭示白塔堡河的基本水环境特征。同时，设计采用光谱法对处理的水样进行三维荧光（excitation-emission-matrix，EEM）及紫外-可见吸收光谱测定，通过体积积分、平行因子（parallel factor，PARAFAC）、自组织神经网络等光谱化学计量学分析方法，结合多元统计分析，推演有机物来源、组成与结构特征，辨别影响有机物特征的关键因子，阐述有机物各组分的迁移转化机理，为城镇化河流"一河三带"的划分提供理论依据。基于白塔堡河水资源与水环境特征，通过建立微宇宙试验系统，设计城市河流景观水体富营养化实验，研究浑南水系景观水体富营养化机理；设计景观水体除藻实验，以研发富营养化景观水体除藻技术；设计水生植物多样性梯度实验，以研究不同功能型水生植物多样性梯度对水质净化作用的影响，进而研发城市河流河岸带水生植物净水技术，为城市水环境系统的构建提供技术支撑。

2.1 样品采集与分析

2.1.1 样品的采集与预处理

在白塔堡河丰水期（2012 年 8 月）、平水期（2012 年 11 月）及枯水期（2013 年 4 月），采集上覆水和沉积物样品，干流设置 17 个采样点位，支流设置 15 个采样点位（图 2-1 和表 2-1）。按照河流流向，使用不锈钢采水器采集上覆水，应用重力采泥器采集深度 2～3cm 的河流底泥。采集的水样保存在聚乙烯水样瓶中，放入冷藏箱低于 4℃存放；沉积物取 2kg 左右，装入自封袋，带回实验室后，在室温条件下置于阴凉处自然风干，最后用粉碎机粉碎后过 100 目筛，放入自封袋保存[39]。

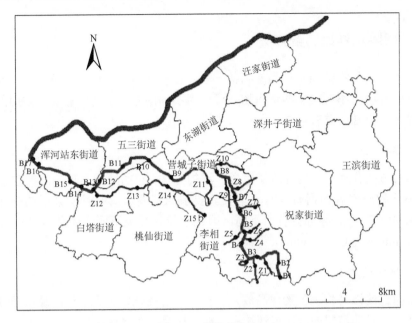

图 2-1　采样点分布

表 2-1　白塔堡河采样点位名称及地理坐标

编号	名称	地理坐标	编号	名称	地理坐标
B1	河源头	41°37′06″N，123°39′38″E	B17	入河口	41°43′31″N，123°20′24″E
B2	老塘峪	41°37′56″N，123°39′33″E	Z1	石官屯	41°38′01″N，123°38′41″E
B3	杏村	41°37′54″N，123°37′51″E	Z2	杏村西	41°37′48″N，123°37′37″E
B4	李相	41°38′46″N，123°36′48″E	Z3	美兰湖	41°37′41″N，123°37′05″E
B5	李新村	41°39′24″N，123°36′47″E	Z4	王士兰	41°39′00″N，123°37′33″E
B6	高八寨	41°40′51″N，123°36′20″E	Z5	邦士台	41°39′24″N，123°36′47″E
B7	永安桥	41°41′32″N，123°36′06″E	Z6	李新村	41°39′33″N，123°36′41″E
B8	施家寨	41°42′53″N，123°34′38″E	Z7	老瓜寨	41°41′07N，123°37′08″E
B9	营城子	41°42′29″N，123°31′10″E	Z8	高力堡	41°41′55″N，123°36′14″E
B10	理工大	41°43′31″N，123°29′03″E	Z9	保合村	41°41′51″N，123°35′30″E
B11	世纪湖	41°42′57″N，123°27′34″E	Z10	施家寨	41°43′07″N，123°34′19″E
B12	塔北	41°42′04″N，123°25′39″E	Z11	南井村	41°42′23″N，123°34′09″E
B13	塔西	41°42′39″N，123°25′22″E	Z12	上泉峪	41°40′29″N，123°33′37″E
B14	南京街	41°41′58″N，123°24′01″E	Z13	下泉峪	41°40′53″N，123°32′57″E
B15	胜利大街	41°42′19″N，123°23′10″E	Z14	前桑林	41°42′03″N，123°30′54″E
B16	曹仲屯	41°43′16″N，123°20′53″E	Z15	白塔镇	41°41′49″N，123°25′43″E

注：表中采样点编号，B 表示白塔堡河干流点位，Z 表示白塔堡河支流点位。

2.1.2　间隙水样品制备方法

目前，沉积物间隙水样品的制备方法有很多，但还没有一个统一的标准，对于不同的环境下不同类型的沉积物，可以用不同的方法制备。目前，常用的间隙水样品制备方法主要有以下三种。

1. 离心法

离心法操作简单，是目前使用最广泛的方法，它的缺点是精确度和重现性较低。不同的研究者根据研究对象与实验要求的不同，离心时所采用的转速、时间和温度（Temp）等都会有所不同，因此会导致结果不同。通常转速在 3000～20000r/min 下离心 15～60min[41]。

2. 压榨过滤法

压榨过滤法是将沉积物样品放入压榨机中，在一定压力下使间隙水透过过滤装置滤出。目前常用的压榨过滤法有机械压榨法和气体压榨法[42]。

3. 渗析法

渗析法取样器充满蒸馏水后，与外界通过渗析膜进行交换，通常饱和期为2～10d[41]。考虑实验的工作量和可操作性，本次实验对间隙水样品的获取采用离心分离法制备，即在 6000r/min 的条件下，对沉积物样品进行 10min 离心，固液分离后的上清液即为实验所需的间隙水，再置于聚乙烯小瓶中，在 4℃冰箱中冷藏保存。

2.1.3　理化分析

1. 上覆水和间隙水理化分析

上覆水和沉积物间隙水的理化特性分析参照《水和废水监测分析方法》中介绍的方法测定[43]。总氮（total nitrogen，TN）、NH_3-N 和 TP 分别采用过硫酸钾氧化-紫外分光光度法、纳氏试剂比色法和钼酸铵分光光度法测定。NO_2^-、NO_3^- 和 PO_4^{3-} 等离子使用离子色谱测量。总有机碳（total organic carbon，TOC）使用日本岛津公司生产的 Shimadzu V-CPH TOC 分析仪测定。

2. 沉积物样品的分析方法

沉积物全氮含量采用 KDN 型定氮仪测定，其原理为：样品在加速剂的参与下，用浓硫酸消煮时，各种含氮有机物，经过复杂的高温分解反应，转化为氨与硫酸结合成硫酸铵。碱化后蒸馏出来的氨用硼酸吸收，用标准酸溶液滴定，从而求出沉积物全氮量（不包括全部硝态氮）。沉积物 TP 含量采用土壤全磷测定法和高氯酸–硫酸消解法测定，溶液中的磷采用钼锑抗比色法测定。使用日本岛津公司生产的 Shimadzu V-CPH TOC 分析仪测定沉积物有机质含量。

2.2　景观水体富营养化实验方案

2.2.1　微宇宙试验系统的建立

水槽为 146cm×58cm×60cm，采用有机玻璃黏接而成，水槽两端的进水箱和出水箱与主体水槽连成一体（图 2-2）。本实验主要模拟静态水体，不需进水系统，排水系统比较简单，由水槽下游水箱控制流速。水槽中填置的沉积物为白塔堡河底泥：注水前，在水槽底部均匀铺设 10cm 厚度的干河泥，其中含有多种水生生物种子及孢子。

图 2-2　微宇宙试验水槽装置 1

向有机玻璃水槽注入自来水，置于温室条件下，从 2012 年 9 月上旬开始培养，使其自然经历贫营养至富营养化过程。实验期间，适当添加自来水来补充蒸发量，使系统正常运行，以此模拟北方城市支流河无外源污染输入下的污染过程。静置 1 周后，水箱中逐渐形成结构完善的生态系统，开始每周测定水质，主要测定指标包括 COD、TN、TP、NH_3-N、TOC，进行 EEM 扫描和紫外光扫描。

2.2.2　水体置换

实验分为两个阶段：第一阶段是《地表水环境质量标准》（GB 3838—2002）Ⅴ类水体模拟阶段，第二阶段是Ⅲ类水体模拟阶段。从 2012 年 9 月上旬开始，水槽铺上河流底泥，加入自行配置的V类水，一周后开始取样。每周取一次水样，从第四周开始进行水体置换，注入水槽的水置换为Ⅲ类水。水体置换后，每隔3d取一次水样，从第15批取样开始，向水槽中加入C、N、P，对水生态系统进行有机物和氮磷营养物冲击。第一阶段模拟用水水质指标如表2-2所示。

表2-2 第一阶段模拟用水水质指标

营养物质	质量浓度/(mg/L)	营养物质	质量浓度/(mg/L)
葡萄糖	500	九水合硝酸铬	0.16
七水合硫酸镁	15.0	二水合氯化铜	0.38
二水合氯化钙	10.0	一水合硫酸锰	0.02
尿素	19.5	六水合硫酸镍	0.07
氯化铵	50.0	氯化铅	0.15
磷酸二氢钾	8.0	氯化锌	0.19
七水合硫酸亚铁	10.0	氯化镉	0.02

实验第二阶段：4～20#水样模拟用水水质指标为《地表水环境质量标准》（GB 3838—2002）Ⅲ类水，COD为20mg/L，TP为0.2mg/L，TN为1.0mg/L。

2.2.3 采样与分析

在水槽的不同位置安装观测采样孔，用于采样水质指标的变化情况，见图2-3。在水槽水面层设置V_{11}、V_{12}和V_{13}采样孔的主要目的是：监测表层水的水质变化情况。在水槽中间层设置V_{21}、V_{22}和V_{23}观测孔的主要目的是：监测中间水体的水质变化情况。在水槽靠近底泥设置V_{31}、V_{32}和V_{33}采样孔的主要目的是：监测间隙水的水质变化情况。每隔3d记录一次，保持稳定。

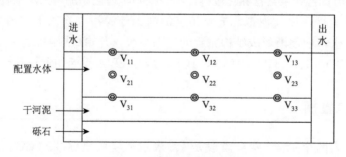

图2-3 监测采样孔分布图

2.3　景观水体除藻实验方案

2.3.1　藻类的培养

1. 铜锈微囊藻的培养

本书所用实验藻种为铜锈微囊藻（*Microcystis aeruginosa*），购自中国环境科学研究院生态研究所。铜锈微囊藻的培养采用 M-11 培养基，其组成成分及质量浓度如表 2-3 所示。按接种与培养的需要配制 M-11 培养基各组分溶液的储备液，放置于 4℃ 冰箱备用。实际配制培养基时，将实验中需要使用的各种器皿均先经120℃ 高温高压灭菌 30min，取出后放置在已经过紫外杀菌的超净台冷却。接种前，在容量为 2000mL 的锥形瓶中加入 1000mL 超纯水，用移液枪依次往锥形瓶中加入一定量的 M-11 培养基各组分储备液，使用 HCl 和 NaCl 溶液调节 pH 至 8.0（±0.01），摇匀，用透气封口膜封口，配好的培养基放入高温高压灭菌锅中 120℃ 灭菌处理 30min。

表 2-3　M-11 培养基的组成成分及质量浓度

营养盐	化学成分	质量浓度/(mg/L)
硝酸钠	$NaNO_3$	100
磷酸氢二钾	K_2HPO_4	10
硫酸镁	$MgSO_4 \cdot 7H_2O$	75
氯化钙	$CaCl_2$	40
碳酸钠	Na_2CO_3	20
柠檬酸铁	$FeC_6H_5O_7$	6
乙二胺四乙酸二钠	$Na_2EDTA \cdot 2H_2O$	1
蒸馏水	H_2O	—

灭菌结束后，将装有培养基的锥形瓶取出，放入已经紫外灭菌 30min 的超净台里冷却至室温。采用生长达到稳定期的藻种，按 1：4 比例接种扩大培养，整个接种过程都在超净台里进行操作。接种后的培养基放入生化培养箱中培养，设定培养箱条件为：温度 27℃，光暗比 14h：10h，培养箱里日光灯平均光强 500lx。每天定时手摇各培养锥形瓶 3～4 次，保证培养过程中有充足的 DO，且每次摇动后都随机摆放各培养锥形瓶，减少光强对藻类生长的影响。

2. 生长曲线的绘制

由于藻细胞本身具有特定颜色，会对可见光产生一定的吸收，因此藻液的吸光度可用来间接表示藻细胞的生物量，当藻细胞的生长达到一定程度时，用紫外分光光度计在 400~750nm 对藻液进行扫描，确定最大吸收峰波长。如图 2-4（a）所示，本实验培养的铜锈微囊藻的最大吸收峰波长为 680nm，即实验中用藻液在 680nm 波长处的吸光度（OD_{680}）来表示藻细胞的生物量。

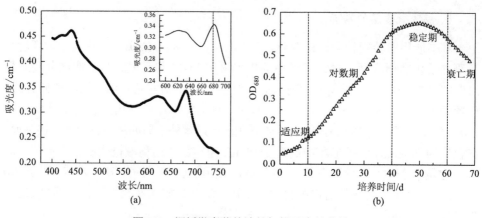

图 2-4　铜锈微囊藻的波长扫描及生长曲线

藻类的生长一般要经历 4 个不同的时期，不同时期的生长能力不同。铜锈微囊藻经过几批次的培养后，在实验培养条件下，其生长基本趋于稳定。配制新鲜培养基，按以上培养方法接种生长旺盛的藻种，并测定其在 680nm 波长处的吸光度（初始 OD_{680} 为 0.047）。自培养之日起，以后每天同一时间在 680nm 波长处测定藻液的吸光度，绘制铜锈微囊藻静态培养时间与吸光度曲线［图 2-4（b）］。

铜锈微囊藻的生长周期可划分为 4 个阶段：适应期、对数期、稳定期和衰亡期。接种培养前 10d 大约为适应期，铜锈微囊藻生长缓慢；10d 后进入对数期，在对数期其增长速度快速上升；到第 40d 时 OD_{680} 值达到 0.6 以上，然后进入稳定期，增长速度放缓；在稳定期持续 20d 即第 60d 时，OD_{680} 迅速减小，铜锈微囊藻进入衰亡期，逐渐死亡。处于对数期的藻类生长能力旺盛，细胞活性高。为了保证实验具有实际意义和指导性，本书采用对数期即培养 25~30d 的微囊藻进行实验。为了减小每批次藻类的差别，采用稳定期即培养 48~52d 的藻类进行接种。

2.3.2　实验材料

1. 实验用水

按照 M-11 培养基的配制方法配制新鲜的培养基，配制好的藻液即为实验用水。每批次实验前，藻液都要现用现配，保证新鲜。

2. 实验主要试剂

壳聚糖溶液的配制：称取 1g 壳聚糖，加入 100mL 体积分数 1%的盐酸溶液中，不断搅拌使之完全溶解，加蒸馏水定容到 1L，即得到 1mg/mL 的壳聚糖盐酸溶液。聚合氯化铝（polyaluminum chloride，PAC）溶液的配制：称取 1g PAC，加入蒸馏水使之完全溶解，定容到 1L，即得到 1mg/mL 的 PAC 溶液。$LaCl_3$ 溶液的配制：准确称取 10.2041g 的 $LaCl_3$ 固体粉末，加入蒸馏水使其完全溶解，定容到 500mL，即得到质量分数为 2%的 $LaCl_3$ 溶液。使用到的其他试剂均为分析纯。

3. 材料

本书采用的矿物材料为硅藻土和沸石，其中硅藻土购自山东省青岛盛泰硅业有限公司，沸石购自辽宁省法库县包家屯兴业沸石粉厂，硅藻土和沸石厂家提供的技术数据见表 2-4 和表 2-5。

表 2-4　硅藻土厂家技术数据　　　　　　（单位：%）

矿物	质量分数	矿物	质量分数
SiO_2	>86.5	TiO_2	<0.3
Al_2O_3	<3.0	CaO	<0.52
Fe_2O_3	<1.5	MgO	<0.45

表 2-5　沸石厂家技术数据　　　　　　（单位：%）

矿物	质量分数	矿物	质量分数
SiO_2	65.56	K_2O	2.87
Al_2O_3	10.62	Na_2O	0.39
Fe_2O_3	0.63	CaO	2.59
FeO	0.09	MgO	0.82
TiO_2	0.069		

将购来的材料用蒸馏水洗涤数遍并在 105℃下干燥，过 100 目筛，装入自封袋中备用。

2.3.3　改性材料的制备

取一定量的原土，用一定量 5mol/L 盐酸溶液浸泡 2～3h，加热煮沸，自然冷却后，抽滤，使用蒸馏水洗涤至出水为中性，自然干燥，在 75℃老化 2h[44]。将质量分数 2%的 $LaCl_3$ 水溶液按 1∶50 的固液比与经过同样步骤处理的硅藻土混合，浸渍、恒温（25℃）振荡（150r/min）24h，过滤，滤饼于 105℃烘干老化 12h；过 100 目筛，装入自封袋中备用。

2.3.4 实验方法

1. 铜锈微囊藻生长影响实验

按培养基的配制方法配制新鲜的培养基并灭菌，将处于对数期的藻液加入一定量已灭菌的培养基进行稀释，并将稀释好的藻液注入 50mL 的比色管中。分别取已经配好的壳聚糖溶液和 PAC 溶液稀释至实验所需的不同浓度，将配制好的 2%的 $LaCl_3$ 水溶液按照不同体积加入超纯水后稀释至同一体积，分别取不同浓度 PAC 絮凝剂 2mL、稀释到同一体积 2%的 $LaCl_3$ 溶液，加入装有藻液的比色管中，用透气封口膜封口，放入生化培养箱中按照微囊藻培养条件进行培养，经 0h、24h、48h、72h 后，取样测定比色管中上清液吸光度值（OD_{680}），并对上清液的藻细胞进行计数。

2. 除藻效果实验

絮凝剂与改性材料协同混凝实验：用量筒量取 300mL 配制好的藻液加入 500mL 的烧杯中，先分别投加不同量改性材料，搅拌速度设为：快速搅拌（250r/min）5min，慢速搅拌（50r/min）15min。在快速搅拌进行到 3min 时投加不同的 PAC 絮凝剂。同样，静置沉降 1h 后于液面下 2cm 处取样 20mL 测定浊度和 OD_{680}，另外取样 50mL 过 0.45μm 滤膜，测定 TN、TP 和 EEM。

3. 沉降物处理实验

取 400mL 实验藻液，分别投加不同量的 PAC 絮凝剂、改性材料，强化混凝后，静置，用注射器小心吸取去上层清液，将底部沉降物缓缓移入培养皿中静置一段时间，用 Leica M125 体视显微镜进行观察、拍照。小心吸取少量沉降物，尽量不破坏沉降物形态，制作玻片，在 Leica DM5000B 显微镜下观察、拍照。

4. 再悬浮控制实验

在 500mL 烧杯中加入 450mL 藻液，一个烧杯什么都不投加作为空白对照，其他烧杯分别投加不同材料及其组合，使材料的投加量分别达到：2mg/L 壳聚糖、15mg/L PAC、0.5mg/L 壳聚糖＋5mg/L PAC、5g/L 改性硅藻土、5g/L 改性沸石、3g/L 改性硅藻土＋5mg/L PAC、3g/L 改性沸石＋5mg/L PAC、3g/L 改性硅藻土＋0.5g/L 壳聚糖、3g/L 改性沸石＋0.5g/L 壳聚糖。分别按各自的搅拌条件进行混凝实验，静置沉降 2h 后，各烧杯中的上清液在不同的搅拌速度下（20～

150r/min）被搅拌 5min，搅拌桨的位置处于沉淀物 2cm 之上。搅拌结束后，在上清液液面下 1cm 处取样，分析浊度，用来评价再悬浮效果。

2.4　水生植物多样性梯度实验方案

2.4.1　模拟系统的建立

水槽为 80cm×60cm×80cm，由有机玻璃黏接而成，水槽两端的进水箱和出水箱与主体水槽连成一体（图 2-5）。本实验主要模拟静态水体，不需进水系统，排水系统比较简单，由水槽下游水箱控制流速。

2.4.2　实验材料

水生植物包括挺水植物、浮叶植物、沉水植物，其中，挺水植物有芦苇、香蒲，浮水植物有水葫芦、大漂，沉水植物有黑藻、狐尾藻。

图 2-5　微宇宙试验水槽装置 2

植物处理实验：两个处理实验每个组合包括 30 株植物个体。

组合 1：香蒲、大漂、黑藻。

组合 2：芦苇、水葫芦、黑藻。

组合 3：香蒲、水葫芦、黑藻。

组合 4：香蒲、水葫芦、狐尾藻。

组合 5：芦苇、水葫芦、狐尾藻。

组合 6：芦苇、大漂、狐尾藻。

以上组合各重复 1 次，每个植物种 10 株——从多样性的角度即有 6 个重复。

组合 7：芦苇、香蒲、大漂、水葫芦、狐尾藻、黑藻。

重复 2 次，每个植物种 5 株。

底泥 25cm，水位维持在 35～45cm，植物密度均匀，不同植物种位置随机。

2.4.3　采样与分析

检测数据：测量指标包括 Temp、DO、导电率（electrical conductance，EC）、pH、NH_3-N、TN、TP、Chla、水溶性有机物（TOC、荧光光谱、紫外光谱），并观察实验过程中植物群落的生长状态。

以 5d 为一个周期进行取样，对相关指标进行分析。整个实验取样过程持续两个月，共取样 8 次。

2.5　光　谱　检　测

2.5.1　三维荧光检测

采用 Hitachi F-7000 荧光分光光度计对处理过的水样进行 EEM 光谱测定，使用 1cm 石英比色皿，以超纯水为空白，扫描速度为 2400nm/min，激发与发射步长均为 5nm；激发狭缝为 5nm，发射狭缝为 5nm，对扫描光谱进行仪器自动校正。EEM 的激发波长（Ex）范围为 200～450nm，发射波长（Em）范围为 260～550nm，荧光强度是由仪器提供的荧光单位，检测后扣除空白[45]。

2.5.2　紫外–可见光吸收光谱检测

样品在日本岛津公司生产的 UV-170 紫外–可见分光光度计上进行测定，扫描波长范围为 200～700nm[46]。

2.6　光谱的化学计量学分析

2.6.1　体积积分分析

荧光区域积分（fluorescence regional integration，FRI）法已经成功用于水体 EEM 光谱的解析。FRI 法将激发、发射波长所形成的二维荧光区域分成了 5 个部分，代表 5 种不同类型的有机物，包括类酪氨酸（区域Ⅰ）、类色氨酸（区域Ⅱ）、类富里酸（区域Ⅲ）、溶解性微生物代谢产物（区域Ⅳ）和类胡敏酸（区域Ⅴ）（表 2-6）[47, 48]。

通过积分计算特定荧光区域的积分体积，即具有相似性质有机物的累积荧光强度，最后对其进行标准化，得到特定 FRI 标准体积，从而反映这一区域的特定结构有机物的相对含量，相关计算公式见式（2-1）～式（2-3）：

$$\varphi_{i,n} = \mathrm{MF}_i \varphi_i = \mathrm{MF}_i \int_{\mathrm{ex}} \int_{\mathrm{em}} I(\lambda_{\mathrm{ex}} \lambda_{\mathrm{em}}) \mathrm{d}\lambda_{\mathrm{ex}} \mathrm{d}\lambda_{\mathrm{em}} \tag{2-1}$$

$$\varphi_{T,n} = \sum_{i=1}^{5} \varphi_{i,n} \tag{2-2}$$

$$P_{i,n} = \varphi_{i,n} / \varphi_{T,n} \times 100\% \tag{2-3}$$

式中，$\varphi_{i,n}$ 为荧光区域 i 的积分标准体积；φ_i 为荧光区域 i 的积分体积；$I(\lambda_{\mathrm{ex}}\lambda_{\mathrm{em}})$ 为激发-发射波长对应的荧光强度；$\varphi_{T,n}$ 为总的 FRI 标准体积；$P_{i,n}$ 为某一 FRI 标准体积占总积分标准体积的比例；MF_i 为倍增系数，等于某一荧光区域占总积分区域面积比例的倒数。

表 2-6　FRI 区域表　　　　　　　　　　（单位：nm）

区域	所代表有机物类型	激发波长	发射波长
区域 I	类酪氨酸	220～250	280～330
区域 II	类色氨酸	220～250	330～380
区域III	类富里酸	220～250	380～500
区域IV	溶解性微生物代谢产物	250～280	280～380
区域 V	类胡敏酸	250～400	380～500

2.6.2　平行因子分析

平行因子（PARAFAC）被广泛应用于三维和高维数据的分析及应用[49]。PARAFAC 分析是基于三线性分解理论，采用交替最小二乘算法实现的一种数学模型，它将一个三维数据矩阵 $\boldsymbol{X}$ 分解为载荷矩阵 $\boldsymbol{A}$、$\boldsymbol{B}$、$\boldsymbol{C}$。分解模型可表示为

$$x_{ijk} = \sum_{f=1}^{F} a_{if} b_{jf} c_{kf} + e_{ijk} \tag{2-4}$$

将 PARAFAC 分析模型应用到溶解有机物 EEM 光谱中时，式（2-4）中，x_{ijk} 为第 i 个样品、发射波长 j、激发波长 k 处的荧光强度值；F 为载荷矩阵列数，代表因子数；e_{ijk} 为残差矩阵，表示变量不能被模型解释的大小，a_{if}、b_{jf}、c_{kf} 分别为载荷矩阵 $\boldsymbol{A}$、$\boldsymbol{B}$、$\boldsymbol{C}$ 中的元素，分别代表了组分浓度、发射光谱、激发光谱信息。与二维数据模型（如主成分分析）不同，平行因子分析的解是唯一的。理想情况下，PARAFAC 模型的因子数应该等于混合物中的组分数。每个因子的载荷代表了一种纯组分对混合物荧光的贡献。现实应用中，由于某些组分化学结构很相

似或者产生的荧光峰共变性很好，模型很难将这些物质分离成各自相应的组分。因此，PARAFAC 分析的组分数是对混合物中实际荧光组分数的估计。

三维荧光光谱-平行因子（EEM-PARAFAC）的构建、验证，以及分析结果的可视化在 MATLAB 7.0 和 SOM Toolbox 2.0 软件平台上完成[50]。近年来，PARAFAC 开始逐渐应用于土壤中提取的有机物的确定，陆地水环境有色可溶性有机物（chromophoric dissolved organic matter，CDOM）、污染水体溶解性有机物（dissolved organic matter，DOM）及大洋海水 CDOM 等的 EEM 的解谱，并用于 CDOM 的生物降解和光降解等过程研究，EEM-PARAFAC 分析已成为研究水环境中溶解性有机物动力学特征的重要工具。

2.6.3　自组织神经网络分析

自组织映射（self-organization mapping，SOM）网络是由芬兰学者 Kohonen 于 1981 年提出的一种无监督学习的神经元网络模型，分成上、下两层：下层为输入层，上层为输出层（或映射层）（图 2-6）。输出层的每个神经元同它周围的其他神经元侧向连接，排列成棋盘状平面；输入层为单层神经元排列[51]。

使用 SOM 网络对 EEM 光谱进行解析，结合本书中使用的荧光光谱数据，主要解析过程如下[52]。

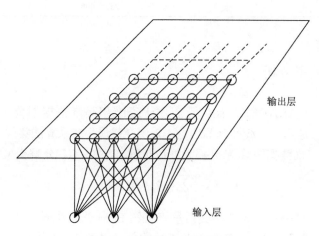

图 2-6　SOM 网络结构示意图

第一步，荧光数据降维。在使用 SOM 网络进行分析之前，需要把已经预处理过的 n 个水样的 EEM 光谱展开，转换成二维向量。展开后，产生维度为 $2109 \times n$ 的矩阵，其中，列表示展开的激发-发射波长数据组，行表示所要处理的水样个数。

第二步，数据标准化。将二维向量进行标准化处理，保证标准化后的数据平均值为 0，方差为 1，以避免数量级不同带来的对训练结果的影响。数据准备完成后，数据样本被转化成一个标准化的 SOM 数据结构，这就是训练网络的输入数据。

第三步，SOM 网络初始化、训练。初始化包括权值向量的初始化、相应训练参数的初始化。训练采用高斯函数批量训练方式，分粗调和精调两个阶段。经过学习和训练，输入的每一类荧光数据都会在神经网络上有特定的映射，这样，最终获得荧光数据的映射神经元。

第四步，SOM 网络聚类分析。利用 K 均值聚类算法（K-means 算法）对 SOM 网络的竞争层神经元的权值进行分类，以戴维森-堡丁指数(Davies-Bouldin index, DBI)自动选择聚类数。通过计算各神经元之间的欧氏距离，获得的最小欧氏距离为每一类神经元的中心区域，然后联合每类中多个竞争层神经元权值作为每类的代表性特征向量集，从而间接表征荧光光谱所含组分的相对浓度[53]。

三维荧光 SOM 网络的构建、验证，以及分析结果的可视化在 MATLAB 7.0 和 SOM Toolbox 2.0 软件平台上完成。

2.7　多元统计分析

2.7.1　主成分分析

主成分分析（principal component analysis，PCA）是将原来多个变量化为少数几个综合指标的一种统计分析方法，从数学的角度说，这是一种降维处理技术，其手段是将原来众多的具有一定相关性的变量重新组合成新的少数几个相互无关的综合变量来代替原来变量，这些新的综合变量称为主成分[54]。本书采用 Varimax 直角转轴法，使具有较大因子负载的变量个数减到最低限度。

2.7.2　层次聚类分析

层次聚类分析（hierarchical cluster analysis，HCA）是聚类分析中应用最为广泛的探索性方法，其实质是根据观察值或变量之间的亲疏程度，以逐次聚合的方法，将最相似的对象结合在一起，直到聚成一类[55]。亲疏程度的计算包括两类：样本间距离和类间距离。本书利用 HCA 进行时空相似性分析，采用的计算方法是欧氏距离平方和离差平方法。但该方法具有一定的探索性，需要进一步验证。

2.7.3　判别分析

判别分析（discriminant analysis，DA）方法可以用来判别聚类分析结果和识别显著性的污染指标，其基本原理是按照一定的判别准则，建立一个或多个判别函数,用研究对象的大量资料确定判别函数中的待定系数,并计算判别指标[55],据此即可确定某一样本属于何类。本书利用 DA 方法进行时空差异性分析,并采用交叉验证法检验此方法的判别能力。

2.7.4 空间插值法

空间插值法是基于采样点之间的相似程度或者整个曲面的光滑性来创建一个拟合曲面,包括反距离加权(inverse distance weighted,IDW)法、克里金(Kriging)法、全局多项式插值(global polynomial interpolation,GPI)法、局部多项式插值(local polynomial method,LPI)法、趋势面分析(trend surface analysis,TSA)法等。从精度来看,克里金法和 IDW 法相对比较高;从实用来看,IDW 法、GPI 法和 LPI 法操作相对容易,且较适于采样点密度较高的情况。所以根据研究区域特点,适宜选择克里金法进行空间插值。

本书的多元统计分析及空间插值所采用的软件为 SPSS 16.0、Origin Pro 8.0 和 ArcGIS 3.0。

2.8 研究方案与分析方法小结

分别在典型城镇化河流——浑河中游一级支流白塔堡河丰水期、平水期、枯水期,采集上覆水和沉积物样品,干流设置 17 个采样点位,支流设置 15 个采样点位,对所采样品的上覆水、间隙水和沉积物样品进行理化分析,以期揭示白塔堡河的基本水环境特征。

结合白塔堡河水资源与水环境特征,通过设计城市河流景观水体富营养化实验,研究浑南水系景观水体富营养化机理。设计景观水体除藻实验,以研发富营养化景观水体除藻技术。设计水生植物多样性梯度实验,以研究不同功能型水生植物多样性梯度对水质净化作用的影响,进而研发城市河流河岸带水生植物净水技术。

同时,采用光谱法对处理过的水样进行 EEM 光谱及紫外-可见吸收光谱测定,通过体积积分、PARAFAC、自组织神经网络等光谱的化学计量学分析方法,结合多元统计分析,深入挖掘数据,为城市水环境系统的构建提供支撑。

第3章　典型城镇化河流白塔堡河水环境特征

城市河流作为城市生态系统的重要组成部分，对城市生态建设及经济发展具有重要意义。与自然河流相比，城市河流水文特性、物理结构和生态环境由于受到人类活动影响，水体相对静止，水动力条件较差，容易发生水体富营养化，此外，具有补充水源不足、水源中生活污水所占比例较大、水质污染较为严重、渠化严重、水体生态系统不完整等特点。研究城市河流，了解其水质状况及分布特征等规律，对城镇化发展、未来城市建设及河流水环境治理与水生态修复都具有十分重要的指导意义。本章选取典型城镇化进程河流——白塔堡河为研究对象，通过对白塔堡河水环境系统时空特征，白塔堡河上覆水和间隙水 N、P、DOM 分布特征，以及白塔堡河沉积物中营养物分布特征的系统研究，为白塔堡河治理与修复提供技术支撑，并为典型城镇化河流"一河三带"理念发展提供科学依据。

3.1　白塔堡河水质特征

3.1.1　空间分布特征

开展了白塔堡河干流物理、化学、生物等水质指标检测。其中，物理指标包括 Temp、pH、EC、DO 等；化学指标包括 COD、五日生化需氧量（biochemical oxygen demand，BOD_5）、NH_3-N、TN；生物指标包括 Chla；有机物指标通过测量水体中 DOM 的 EEM，利用体积积分表征芳香类蛋白、类富里酸、微生物代谢产物（图 3-1）。

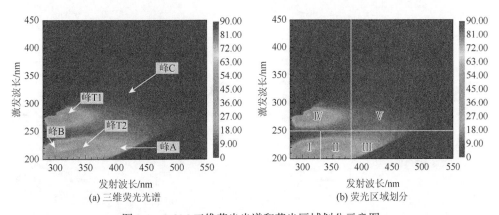

图 3-1　DOM 三维荧光光谱和荧光区域划分示意图

河流水质指标随采样点位的变化情况如图 3-2 所示。物化指标基本上是按照农村带（河源头至施家寨）、城镇带（施家寨至世纪湖）、城市带（世纪湖至入河口）分布。pH（7.0～8.4）变化不大，呈中性偏碱；河水的温度呈现农村带河段向城镇带、城市带逐渐升高的趋势。河流城镇带的 DO 明显比城市带高，基本上表现出从

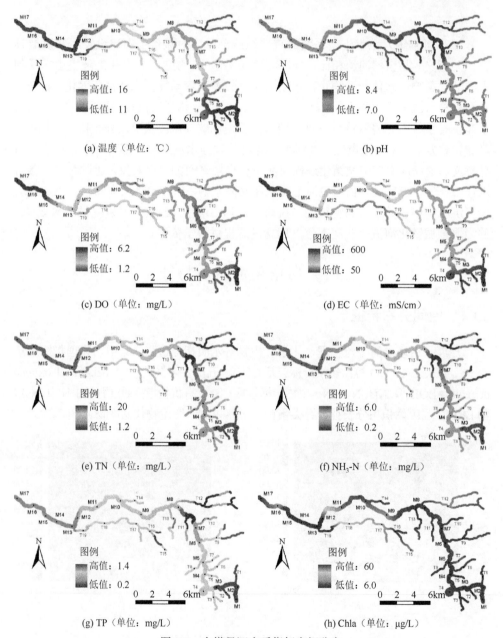

(a) 温度（单位：℃）

(b) pH

(c) DO（单位：mg/L）

(d) EC（单位：mS/cm）

(e) TN（单位：mg/L）

(f) NH₃-N（单位：mg/L）

(g) TP（单位：mg/L）

(h) Chla（单位：μg/L）

图 3-2　白塔堡河水质指标空间分布

沿河源头到入河口 DO 不断降低的趋势。EC 最大值出现在城市带的曹仲屯,最小值出现在农村带的河源头,EC 主要受土壤基质和雨水冲刷的影响,河源头水土流失小,表现为 EC 小;而在城镇带小的支流汇入,携带泥沙从而使 EC 升高。

河流城市带的 COD 明显比城镇带、农村带高,而农村带的 COD 比城镇带略低,表明城市带污染相对严重(图 3-3)。除了曹仲屯,河流的 BOD$_5$ 表现从农村带河源头到城市带入浑河口小幅震荡上升。河流的 NH$_3$-N 呈现从农村带到城市带逐渐升高,表明污染程度逐渐加强。TN 的变化趋势显示城镇带高,其次为农村带和城市带。尽管城市带污染严重,但是该河段水体反硝化强烈,致使 TN 减小。以上分析表明:河水中的污染物污染程度大体上从源头向浑河口递增。

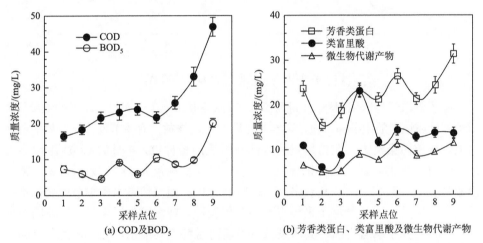

图 3-3　白塔堡河 COD、BOD$_5$、芳香类蛋白、类富里酸及微生物代谢产物空间分布
1-老塘峪,2-李相,3-永安桥,4-营城子,5-理工大,6-世纪湖,7-塔北,8-胜利大街,9-曹仲屯

城市带河段的 Chla 浓度最高,而城镇带最低,并且变化幅度非常大。芳香类蛋白变化趋势,基本呈现从农村带到城市带递增,芳香类蛋白主要在生活污水里,表明生活污水的排放强度由农村带到城市带逐渐增强。除了营城子点位外,类富里酸基本上从农村带到城市带呈现递增。微生物代谢产物与芳香类蛋白的变化趋势一致,表明随着污染物排放强度增大,微生物的降解能力增强。

3.1.2　时间变化特征

本次调研只采集 4 月、8 月和 11 月 3 个月的水样,分别代表平水期和丰水期,因此不能采用时间聚类分析的方法。对 3 个月的 NH$_3$-N 和 COD 浓度值进行比较发现,4 月 NH$_3$-N 浓度明显比 8 月、11 月的值高(图 3-4),其变化趋势基本上一致,即从农村带向城市带递增。城镇带 4 月 NH$_3$-N 浓度明显比 8 月、11 月的浓度高。

在丰水期城镇带河段不仅接纳农村带河段来水，同时支流汇入，使得城镇带河段水量增大，稀释硝态氮。世纪湖 4 月水量很少，而 8 月、11 月水量大增，稀释 $NH_3\text{-}N$，导致 8 月、11 月 $NH_3\text{-}N$ 浓度远低于 4 月浓度。

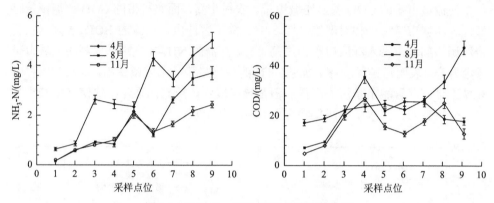

图 3-4　$NH_3\text{-}N$、COD 不同月份比较分析

除了营城子与世纪湖外，4 月河流 COD 浓度基本上大于 8 月、11 月的浓度。营城子处于城镇带的中段和末段，可能是工业废水的排放具有季节性，即夏秋季节产量大，排放污染量大。在白塔堡河入浑河附近的曹仲屯，4 月的 COD 浓度远远高于 8 月、11 月，显然河流的流量对 COD 浓度影响较大。综上分析，农村带河段水质受季节影响最大，具有明显的季节性变化；而城镇带水质季节性变化不明显，这可能是点位 4 营城子采样点不具有代表性，或城镇带污染复杂等原因造成的；城市带介于两者之间，其污染来自生活污水和工业废水，城市带河段接纳污染水厂排水和雨水为主，因此具有一定的季节性。

3.1.3　多元统计分析

1. 聚类分析

层次聚类分析（HCA）相关介绍见 2.7.2 节。

应用 SPSS 对 4 月白塔堡河水质指标数据进行系统聚类分析，聚类分析用到的数据组分别是各采样点水质指标（10×12），见图 3-5。当重新标度距离（rescaled distance，RD）<3 时[56]，分为 3 组：1~2 为第 1 组，3~4 为第 2 组，5~9 为第 3 组，即大致与河流的农村带、城镇带和城市带三个区域吻合，进而表明：农村带的水质最好，城镇带的水质较差，而城市带的水质最差，这与上面的分析基本上类似。第 3 组可以分为三个小组：世纪湖和塔北为一组，理工大和胜利大街为一组，曹仲屯为一组。该分类表明：理工大和胜利大街河段有大量的生活污水排入，曹仲屯附近水量较多，污染物被稀释。

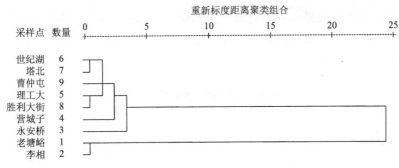

图 3-5　基于 Ward's 方法的采样点空间聚类分析 1

2. 判别分析

为了验证上述空间相似性聚类分析结果和进一步识别显著性指标，以下应用 DA 方法进行空间差异性分析，数据组为（10×12）。由时空分组判别结果（表 3-1）可知，空间聚类采用 3 组更为合适，且其分类判别正确率为 88.9%，所以在空间尺度将白塔河分为农村带、城镇带和城市带。

表 3-1　空间判别分析的判别正确率

方法		结果	预测组			总数
			1	2	3	
交叉验证	分数	1	2	0	0	2
		2	0	1	1	2
		3	0	0	5	5
	百分比	1	100.0	0.0	0.0	100.0
		2	0.0	50.0	50.0	100.0
		3	0.0	0.0	100.0	100.0

利用判别方程系数分析水质指标的显著性特征[56]。判别方程系数的绝对值越大，该指标就越显著。对于时间尺度而言，显著性指标为 COD、BOD_5、微生物代谢产物、富里酸、芳香类蛋白（表 3-2），表明这 5 个水质指标可以表征白塔堡河水质的空间差异性，未来水质管理中需要加强对此类指标的监测。此外，以上 5 个指标说明，该河流的污染主要来自生活污水和工业废水。

表 3-2　判别方程系数

方程	BOD_5	NH_3-N	NO_3-N	DO	富里酸	Temp	EC	微生物代谢产物	芳香类蛋白	pH	COD	Chla
1	0.488	0.436	−0.383	−0.320*	−0.035	0.088	−0.182	0.228	0.546	−0.026	0.335	0.009
2	0.464	0.215	−0.016	−0.181	0.867*	−0.728*	0.676*	0.668*	0.657*	−0.595*	0.351*	−0.052*

*表示在 0.05 的水平下显著相关。

白塔堡河 9 个采样点位的空间聚类判别分析结果如表 3-3 所示，点位 4 营城子，可以归纳为第 3 组，而聚类分析为第 2 组，表明营城子同时具有城镇带和城市带的河流水质特征。

表 3-3　空间聚类判别分析结果

方法	案例编号	实际组	最高组					第二高组		
			预测组	$P(D>d\|G=g)$		$P(G=g\|D=d)$	马哈拉诺比斯至质心距离	组	$P(G=g\|D=d)$	马哈拉诺比斯至质心距离
				p	df					
交叉验证	1	1	1	0.000	5	1.000	30.418	2	0.000	4629.635
	2	1	1	0.000	5	1.000	30.418	2	0.000	3942.921
	3	2	2	0.000	5	1.000	149.580	3	0.000	287.725
	4	2	3**	0.000	5	1.000	103.539	2	0.000	149.580
	5	3	3	0.108	5	1.000	9.014	2	0.000	101.563
	6	3	3	0.000	5	1.000	19276.241	2	0.000	81096.422
	7	3	3	0.000	5	1.000	24.617	2	0.000	379.807
	8	3	3	0.000	5	1.000	25.744	2	0.000	171.791
	9	3	3	0.000	5	1.000	107.821	2	0.000	318.955

注：d 表示两个样本点之间的距离；g 表示所取样本组（总体）。

** 表示误判情况 Misclassified case。说明除 4 号点（营城子）外，其他采样点得到正确划分，基于此后续可以对采样点进行重新设置。

对 8 月、11 月河流水质指标进行聚类分析，结果如图 3-6 所示。从两个聚类图中可以看出，白塔堡河非常明显地分为三个区域：农村带、城镇带和城市带，即"一河三带"。

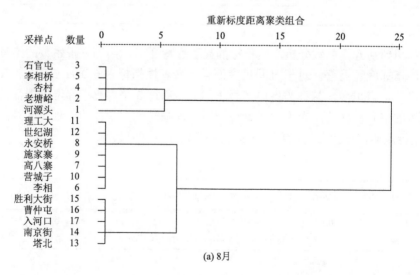

(a) 8月

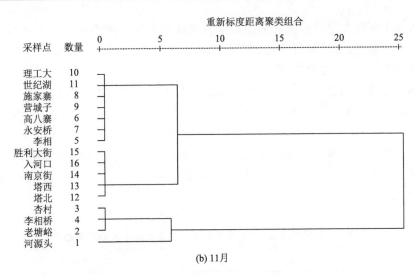

(b) 11月

图 3-6　基于 Ward's 方法的采样点空间聚类分析 2

3. 主成分分析

在进行 PAC 分析之前，为了验证分析的正确性，必须进行 KMO（Kaiser-Meyer-Olkin）检验和巴特利特（Bartlett's）球形检验。对农村带河段水质指标进行 KMO 检验和 Bartlett's 球形检验，结果为 0.71 和 1647.26（$P < 0.01$），说明 PAC 分析能够很好地降低原始变量的维度。基于主成分碎石图（图 3-7）和特征值 1 的评判标准，仅仅当特征值大于 1 时，所对应的主成分才是有意义的。

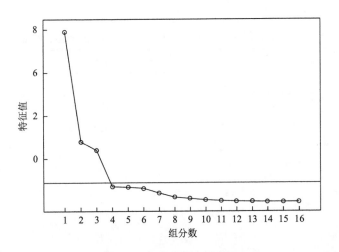

图 3-7　主成分碎石示意图

表 3-4 中前 3 个特征值对应的主成分累计的方差贡献率达到了 87.637%，故它们所对应的主成分已经能够反映原始指标的绝大部分信息。其中和主成分相关系数绝对值大于 0.8 的指标被认为与该主成分显著相关[54]。

第一主成分方差贡献率为 38.612%，与 NO_3-N、TP、Chla、pH、COD、Temp、EC 呈显著正相关（表 3-5），表明农村带主要污染为自然污染、无机污染（面源污染）、有机污染（生活污水）为主。第二主成分方差贡献率为 34.613%，与 DO 呈负相关，而与芳香类蛋白和富里酸呈正相关，代表生活污染和工业废水排放造成的有机污染。第三主成分方差贡献率为 14.412%，与 TN 和微生物代谢产物呈正相关。

表 3-4　农村带河段 PCA 方法各成分方差贡献率及累计贡献率

组分	初始特征根			被提取的载荷平方和		
	总量	方差/%	方差累计/%	总量	方差/%	方差累计/%
1	6.178	38.612	38.612	6.178	38.612	38.612
2	5.538	34.613	73.225	5.538	34.613	73.225
3	2.306	14.412	87.637	2.306	14.412	87.637
4	0.860	5.372	93.009			
5	0.508	3.173	96.182			
6	0.461	2.878	99.060			
7	0.099	0.620	99.680			
8	0.051	0.319	100.000			

注：表中最后累计数值为四舍五入结果。

表 3-5　农村带河段水质指标浓度相关矩阵的特征向量和特征值

指标	主成分		
	1	2	3
Temp	0.852	0.379	−0.071
DO	0.426	−0.819	0.113
pH	0.948	−0.003	−0.121
EC	0.828	−0.377	0.373
COD	0.866	−0.068	−0.213
TN	−0.090	−0.670	0.728
NH_3-N	0.377	−0.376	−0.327
NO_3-N	0.952	−0.131	0.055

续表

指标	主成分		
	1	2	3
TP	0.838	−0.149	0.178
Chla	0.949	0.169	0.114
芳香类蛋白	0.160	0.883	0.368
富里酸	0.069	0.976	−0.058
微生物代谢产物	−0.115	0.463	0.868

对城市带河段水质指标进行 PCA 分析，各成分方差贡献率及累计贡献率见表 3-6，前 5 个特征值对应的主成分累计的方差贡献率达到了 91.906%，故它们所对应的主成分已经能够反映原始指标的绝大部分信息。其中和主成分相关系数绝对值大于 0.6 的指标，被认为是和该主成分显著相关。

表 3-6　城市带河段 PCA 方法各成分方差贡献率及累计贡献率

组分	初始特征根			被提取的载荷平方和		
	总量	方差/%	方差累计/%	总量	方差/%	方差累计/%
1	4.951	30.946	30.946	4.951	30.946	30.946
2	4.293	26.832	57.778	4.293	26.832	57.778
3	2.492	15.572	73.350	2.492	15.572	73.350
4	1.775	11.092	84.443	1.775	11.092	84.443
5	1.194	7.463	91.906	1.194	7.463	91.906
6	0.909	5.679	97.585			
7	0.386	2.415	100.000			

注：表中最后累计数值为四舍五入结果。

第一主成分方差贡献率为 30.946%，与 Temp 和 COD 呈显著负相关，而与微生物代谢产物、NH_3-N、NO_3-N 呈显著正相关（表 3-7），表明城市带以生活污水和工业废水有机污染为主。第二主成分方差贡献率为 26.832%，与富里酸呈显著负相关，与 TN、TP 呈显著正相关，代表无机污染（面源污染）。第三主成分方差贡献率为 15.572%，与 Chla 和芳香类蛋白呈显著正相关。

显然，农村带河段以面源和自然污染为主，而城市带河段以点源污染为主，即城市生活污水和工业废水排放。

表 3-7　城市带河段水质指标浓度相关矩阵的特征向量和特征值

水质指标	主成分				
	1	2	3	4	5
Temp	−0.803	0.267	0.236	0.142	0.323
DO	0.512	0.082	0.234	0.092	−0.400
pH	−0.324	0.507	0.183	0.456	−0.464
EC	0.649	0.524	−0.471	0.081	0.221
COD	−0.663	0.344	0.445	−0.346	0.249
TN	0.352	0.744	−0.502	0.215	0.051
NH$_3$-N	0.716	−0.060	−0.376	−0.435	−0.022
NO$_3$-N	0.615	−0.237	0.355	−0.517	0.383
TP	0.415	0.837	0.021	−0.303	0.017
Chla	−0.295	0.320	0.664	−0.467	−0.380
芳香类蛋白	0.546	0.167	0.662	0.444	0.192
富里酸	0.431	−0.841	0.175	−0.037	−0.114
微生物代谢产物	0.742	−0.338	0.313	0.482	−0.037

3.2　白塔堡河氮、磷关系特征

3.2.1　白塔堡河氮、磷分布特征

1. ρ(TP)分布特征

白塔堡河上覆水和间隙水中 ρ(TP)的变化见图 3-8。根据《地表水环境质量标准》（GB 3838—2002），采样点 B1～Z4 上覆水中 ρ(TP)为 0.15～0.2mg/L，属于Ⅲ类水；Z5～B9 采样点 ρ(TP)为 0.2～0.4mg/L，属于Ⅳ～Ⅴ类水；采样点 B10～B17 的 ρ(TP)均超过 0.4mg/L，属于劣Ⅴ类水。32 个采样点中，上覆水和间隙水中 ρ(TP)变化趋势大致相同，且绝大部分采样点的间隙水中 ρ(TP)均高于上覆水，这表明白塔堡河沉积物间隙水中的 TP 有可能会向上覆水迁移。

白塔堡河 TP 浓度的空间梯度分布特征如图 3-9 所示，可将白塔堡河大致分为三段，即农村带河段（B1～B6）、城镇带河段（B7～Z14）、城市带河段（Z15～B17）。TP 污染程度由农村带到城镇带、城市带依次增强，农村带 TP 主要来自养殖废水的排放和面源污染；城镇带位于城乡接合部，TP 主要来自生活污染和工业园区排水；城市带 TP 的污染主要来自居民生活废水以及工业废水的排放[39]。

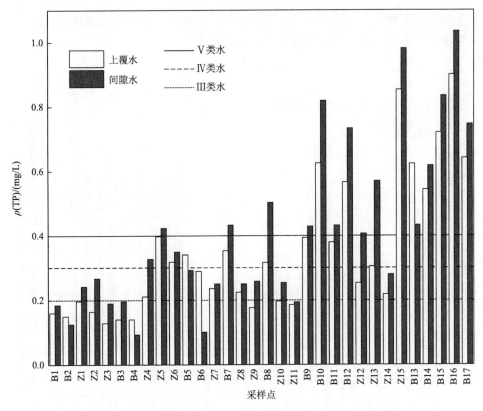

图 3-8　白塔堡河上覆水、沉积物间隙水中 ρ(TP)变化情况

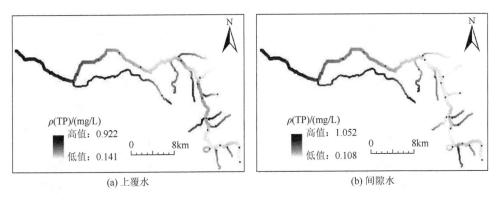

(a) 上覆水　　　　　　　　　　　　　　(b) 间隙水

图 3-9　白塔堡河上覆水、沉积物间隙水中 ρ(TP)的空间分布

2. ρ(TN)分布特征

　　白塔堡河上覆水和间隙水中 ρ(TN)的变化趋势见图 3-10，与 ρ(TP)的大体类似，基本呈三段式分布，而且除个别采样点外（Z2、B3、B4、B5），间隙水中 ρ(TN)

基本都高于上覆水。上覆水中 TN 浓度较低，有利于沉积物中氮的释放，因此，白塔堡河沉积物为其上覆水体 N 营养盐的内源[39]。

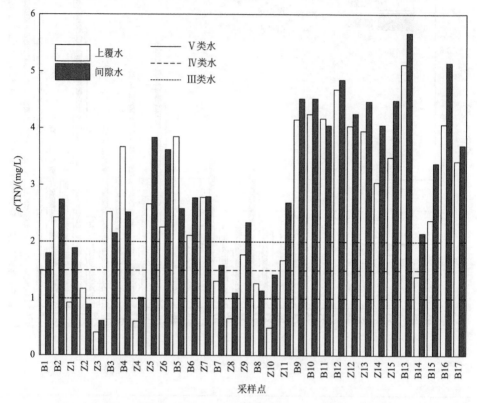

图 3-10 白塔堡河上覆水、沉积物间隙水中 ρ(TN)的变化情况

白塔堡河 TN 浓度的空间分布特征见图 3-11，在 Z4 和 B9 两个采样点处白塔堡河可分为 3 个区域，即农村带、城镇带和城市带，农村带 TN 污染强度小，城镇

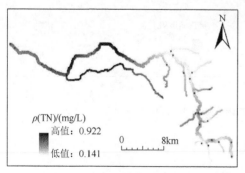

(a) 上覆水

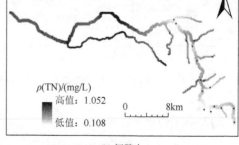

(b) 间隙水

图 3-11 白塔堡河上覆水、间隙水中 ρ(TN)的空间分布

带较强,城市带最强。从塔北到入浑河口河段,即下游区域,上覆水和间隙水中 $\rho(TN)$ 明显高于其他河段,一方面是由于白塔堡河最大的支流上深河携带大量的营养物在塔北附近汇入干流,另一方面则是因为白塔堡河下游段河道全部位于城区,随着浑南区的开发建设,白塔堡河沿线已经新开发一些高档小区、别墅,另外一些高校、中学、知名企业、政府部门也相继搬往河道沿岸,这无疑也对白塔堡河的水质产生了巨大的压力与破坏。

3. $\rho(NH_3\text{-}N)$ 分布特征

由图 3-12 可知,在上覆水中,采样点 B1~B6 的 $\rho(NH_3\text{-}N)$ 为 0.75~1.5mg/L,属于Ⅲ~Ⅳ类水;Z7~Z11 采样点水体的 $\rho(NH_3\text{-}N)$ 多数在 1.5~2mg/L,属于Ⅴ类水;B9~B17 采样点中的 $\rho(NH_3\text{-}N)$ 基本大于 2.0mg/L,属于劣Ⅴ类水。沉积物间隙水中 $\rho(NH_3\text{-}N)$ 明显比上覆水要高,主要是因为沉积物中有机质含量丰富,表层微生物数量较多,受生物分解作用,造成近表层沉积物缺氧,从而形成还原环境,生物参与的反硝化作用和氨化作用较为明显,使表层间隙水中接纳更多的 $NH_3\text{-}N^{[57]}$。

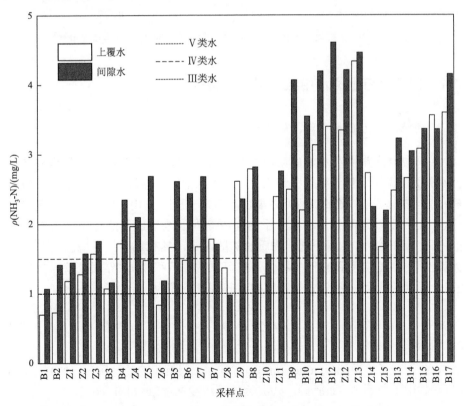

图 3-12　白塔堡河上覆水、沉积物间隙水中 $\rho(NH_3\text{-}N)$ 的变化

由图 3-13 可知，与 ρ(TN)和 ρ(TP)的空间分布类似，上覆水和间隙水 ρ(NH$_3$-N)的空间分布也明显分为三个河段，即农村带（B1～B6 采样点）、城镇带（Z7～Z11采样点）、城市带（B9～B17 采样点）。但与 ρ(TP)和 ρ(TN)不同的是，ρ(NH$_3$-N)的最大值没有出现在汇入浑河前的几个采样点处，而出现在了白塔堡河的中下游区域，可能是因为该区域处于白塔镇周围，人口密度高，人为活动对河流造成了巨大影响，从而导致高 NH$_3$-N 浓度。

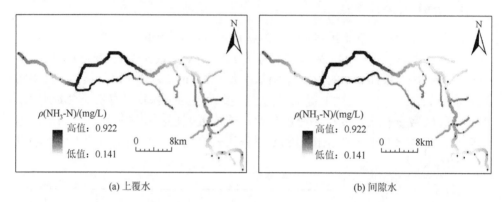

(a) 上覆水　　　　　　　　　　　　　　(b) 间隙水

图 3-13　白塔堡河上覆水、沉积物间隙水中 ρ(NH$_3$-N)的空间变化

3.2.2　间隙水与上覆水中氮、磷关系特征

1. 间隙水与上覆水中氮、磷的交换

沉积物中营养物对水体的影响与沉积物间隙水中营养物含量及其通过沉积物-水界面向上覆水体的释放密切相关，间隙水中的营养盐向沉积物表层扩散以及进而向上覆水混合扩散的过程，主要由浓度差支配[58]。由于间隙水与上覆水中营养盐存在浓度差异，必然存在一个由高浓度向低浓度进行的分子扩散作用，因此，研究沉积物-水界面间营养物质的扩散通量，具有重要的环境意义[59]。根据二者之间的浓度梯度和它们的物化性质可以估算沉积物-水界面处营养盐的扩散通量。根据 Fick 第一扩散定律及文献，其改进公式为

$$F = \varphi \cdot D_s \cdot \frac{\alpha_c}{\alpha_x} \qquad (3-1)$$

式中，F 为分子扩散通量[μmol/(m^2·d)]；φ 为表层沉积物的孔隙度（%）；D_s 为表层沉积物中扩散系数（cm^2/s）；α_c/α_x 为界面浓度梯度[μmol/(L·cm)]。

当 $\varphi \leqslant 0.7$ 时，$D_s = \varphi \cdot D_0$；当 $\varphi > 0.7$ 时，$D_s = \varphi^2 \cdot D_0$，$D_0$ 为无限稀释溶液

中溶质的扩散系数，估计 φ 平均为 0.65。a_c/a_x 通过表层沉积物（0～5cm）间隙水浓度与上覆水浓度差估算求得[60]。

　　4 月白塔堡河沉积物–水界面的 NH_3-N、NO_2^--N、NO_3^--N 和 PO_4^{3-}-P 的扩散通量见表 3-8。其中，正值表示营养盐是由沉积物向上覆水扩散的，负值则相反。从表 3-8 可以看出，NH_3-N、NO_2^--N、NO_3^--N 和 PO_4^{3-}-P 的扩散通量基本均为正通量，只有个别为负通量，说明沉积物是 N、P 的重要输入源之一。

表 3-8　白塔堡河沉积物–水界面 N、P 的分子扩散通量[单位：$\mu mol/(m^2 \cdot d)$]

采样点	分子扩散通量			
	NH_3-N	NO_2^--N	NO_3^--N	PO_4^{3-}-P
B1	0.219	0.018	0.019	0.103
B2	0.263	−0.080	−0.138	0.345
B3	0.424	0.261	0.075	0.184
B4	0.466	0.084	0.009	0.442
B5	0.486	−0.208	0.041	0.043
B6	0.202	0.107	−0.256	0.112
B7	0.314	0.043	0.097	0.143
B8	0.124	0.223	0.086	0.084
B9	0.299	0.003	0.046	0.411
B10	0.596	0.041	0.017	0.176
B11	0.112	0.132	0.085	−0.067
B12	0.135	0.604	0.577	−0.089
B13	0.796	0.314	0.007	0.152
B14	0.316	0.478	0.124	0.037
B15	1.222	0.061	0.251	−0.395
B16	0.897	0.058	0.246	0.613
B17	0.865	0.062	0.239	0.451
Z1	0.246	0.013	0.021	0.101
Z2	0.268	−0.080	−1.414	0.345
Z3	0.424	0.261	0.075	0.184
Z4	0.466	0.084	0.009	0.436
Z5	0.481	−0.208	0.041	0.043
Z6	0.234	0.107	−0.236	0.206

续表

采样点	分子扩散通量			
	NH_3-N	$NO_2^- -N$	$NO_3^- -N$	$PO_4^{3-} -P$
Z7	0.372	0.043	0.097	0.141
Z8	0.124	0.215	0.086	0.062
Z9	0.295	0.003	0.046	0.341
Z10	0.596	0.041	0.018	0.186
Z11	0.118	0.132	0.085	−0.058
Z12	0.149	0.604	0.542	0.089
Z13	0.751	0.314	0.026	0.149
Z14	0.806	0.568	0.121	0.033
Z15	1.022	0.061	0.251	−0.365

2. 间隙水与上覆水中氮、磷的相关性分析

沉积物是营养物质积累和间歇性再生的重要场所，在一定条件下，大量的N、P等营养物质会从沉积物转移到沉积物间隙水中，在浓度梯度的作用下重新释放到上覆水中。

白塔堡河 N、P 的外源输入主要来自河流周围的生活污水、工业废水、污水处理厂排水、农田地表径流、养殖场排水及大气沉降等。由图 3-14 可知，沉积物间隙水与上覆水中的 ρ（NH_3-N）（$R^2 = 0.874$，$P = 0.0002$）和 ρ（$PO_4^{3-} -P$）（$R^2 = 0.704$，$P = 0.005$）均呈极显著相关，ρ（$NO_2^- -N$）（$R^2 = 0.501$，$P = 0.002$）呈显著相关，ρ（$NO_3^- -N$）（$R^2 = 0.353$，$P = 0.015$）的相关性不显著。由于白塔堡河沉积物在 5cm 以下是还原层，生成的 NH_3-N 难以被微生物全部吸收，厌氧条件下又不能在硝化作用下完全转化为 $NO_3^- -N$，因此 NH_3-N 以一定水平存在于沉积物表面或重新释放到水体中[61]。$PO_4^{3-} -P$ 交换通量则受到自生矿物沉淀与溶解、吸附与解吸作用的影响[62]，沉积物中 P 的释放与沉积物氧化还原条件密切相关，好氧条件会促进沉积物对 P 的吸附，而厌氧条件则有助于 P 从沉积物的释放[63]。除了外源性污染外，间隙水中的 $PO_4^{3-} -P$ 主要来自有机质降解和铁氧化物释放，富氧沉积物表面的铁氧化物是间隙水中可溶态 P 向上迁移的捕集器。铁氧化物对 P 的快速吸附和释放，影响着间隙水中 $PO_4^{3-} -P$ 的浓度，从而直接影响 P 在沉积物-水界面间的交换[64]。此外，河流体系中沉积物-水界面间营养物质的迁移并不是单纯由浓度梯度扩散来控制的，还受到来水、水动力，尤其是入河污染负荷等因素的影响，如生物的扰动作用、营养盐在水体中的水平迁移扩散、风浪作用造成的紊流扩散等。

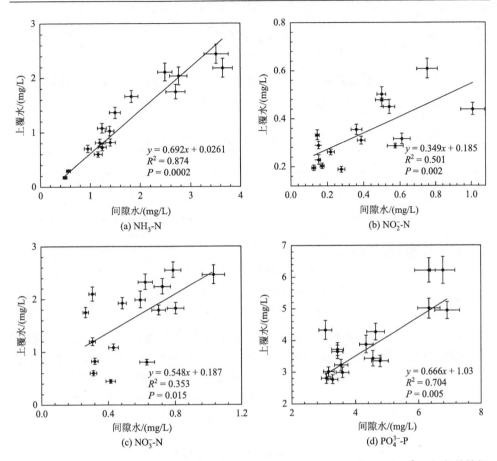

图 3-14　间隙水与上覆水中 ρ（$NH_3\text{-}N$）、ρ（$NO_2^-\text{-}N$）、ρ（$NO_3^-\text{-}N$）、ρ（$PO_4^{3-}\text{-}P$）相关特征

3.2.3　白塔堡河富营养化状态评价

目前我国湖泊富营养化评价的基本方法主要有营养状态指数法 [卡尔森营养状态指数（trophic state index，TSI）法、修正的营养状态指数法、综合营养状态指数（TLI）法、营养度指数法和评分法[45, 65]]。根据实验要求及可行性考虑，本书最终选取综合营养状态指数法对白塔堡河富营养化情况进行评价。

综合营养状态指数计算公式为

$$\text{TLI}(\Sigma) = \sum_{i=1}^{m} W_i \cdot \text{TLI}(i) \qquad (3\text{-}2)$$

式中，$\text{TLI}(\Sigma)$为综合营养状态指数；$\text{TLI}(i)$为第 i 种参数的营养状态指数；W_i 为第 i 种参数的营养状态指数的相关权重，其计算公式为

$$W_i = r_{ij}^2 \bigg/ \sum_{j=1}^{m} r_{ij}^2 \qquad (3\text{-}3)$$

式中，r_{ij} 为第 j 个参数与基准参数 Chla 的相关系数；m 为选出的主要参数的数目。

中国湖泊（水库）部分参数与 Chla 的相关关系见表 3-9。

表 3-9　中国湖泊（水库）部分参数与 Chla 的相关关系

参数	Chla	TP	TN
r_{ij}	1	0.84	0.82
r_{ij}^2	1	0.71	0.67

各种营养状态指数计算公式为

$$\text{TLI(Chla)} = 10[2.5 + 1.086\ln(\text{Chla})] \qquad (3\text{-}4)$$
$$\text{TLI(TP)} = 10[9.436 + 1.624\ln(\text{TP})] \qquad (3\text{-}5)$$
$$\text{TLI(TN)} = 10[5.453 + 1.694\ln(\text{TN})] \qquad (3\text{-}6)$$

其中，叶绿素（Chla）单位为 mg/m^3；其他指标单位均为 mg/L。为了说明白塔堡河富营养化程度，采用 0～100 的一系列连续数字对湖泊营养状态进行分级（表 3-10），同一营养状态下，指数越高，其富营养化程度越重。应用 2013 年 4 月所测得的白塔堡河的水质参数对其营养状态进行评价，计算得到白塔堡河各个采样点的各指标营养状态指数及营养状态评价结果。

表 3-10　富营养化程度评价标准

富营养化程度	评分
贫营养化	TLI(Σ)＜30
中营养化	30≤TLI(Σ)＜50
轻度富营养化	50≤TLI(Σ)＜60
中度富营养化	60≤TLI(Σ)＜70
重度富营养化	TLI(Σ)≥70

从表 3-11 可以看出，白塔堡河平均综合营养指数为 66.12，说明白塔堡河水质整体上处于中度富营养化状态，其中，上游即农村段富营养化程度相对较低，基本处于轻度富营养化状态，但支流 Z5 的水质却达到了重度富营养化程度；中游即城镇段的富营养指数基本在 60～70，处于中度富营养化状态；而下游即城市段水质状况较差，富营养指数基本在 70 以上，为重度富营养化。且从表 3-11 中可以看出，白塔堡河的富营养化程度由上游至下游逐渐加重，即城市段＞城镇段＞农村段。

表 3-11　白塔堡河水质指标及综合营养状态指数

点位	TN/(mg/L)	TP/(mg/L)	Chla/(μg/L)	TLI	富营养化程度
B1	1.49	0.16	11.04	57.98	轻度富营养化
B2	2.42	0.15	2.56	53.34	轻度富营养化
Z1	0.93	0.20	8.02	55.25	轻度富营养化
Z2	1.17	0.16	23.75	60.45	中度富营养化
Z3	0.40	0.13	26.31	54.65	轻度富营养化
B3	2.53	0.14	8.33	58.60	轻度富营养化
B4	3.67	0.14	11.05	61.68	中度富营养化
Z4	0.60	0.21	18.76	57.35	轻度富营养化
Z5	2.66	0.40	42.78	71.33	重度富营养化
Z6	2.25	0.32	32.83	68.27	中度富营养化
B5	3.85	0.34	9.40	65.45	中度富营养化
B6	2.11	0.29	3.76	57.59	轻度富营养化
Z7	2.78	0.24	7.71	61.20	中度富营养化
B7	1.31	0.35	22.68	64.45	中度富营养化
Z8	0.65	0.22	8.32	54.30	轻度富营养化
Z9	1.77	0.18	9.68	58.69	轻度富营养化
B8	1.27	0.32	12.24	60.97	中度富营养化
Z10	0.48	0.20	6.65	51.27	轻度富营养化
Z11	1.67	0.19	39.50	65.07	中度富营养化
B9	4.15	0.39	22.42	70.46	重度富营养化
B10	6.02	0.63	70.96	79.72	重度富营养化
B11	4.17	0.38	119.66	77.95	重度富营养化
B12	6.68	0.57	70.25	79.70	重度富营养化
Z12	4.04	0.25	67.44	73.23	重度富营养化
Z13	3.95	0.31	72.44	74.35	重度富营养化
Z14	3.04	0.22	35.43	68.22	中度富营养化
Z15	3.49	0.85	25.59	73.95	重度富营养化
B13	5.12	0.62	59.61	78.14	重度富营养化
B14	1.39	0.54	54.83	70.85	重度富营养化
B15	2.38	0.72	38.76	73.19	重度富营养化
B16	4.07	0.90	77.79	80.03	重度富营养化
B17	3.62	0.64	83.07	78.13	重度富营养化
均值	2.69	0.36	34.49	66.12	中度富营养化

3.3 白塔堡河 DOM 荧光光谱特征

近年来,人们通过分析水体中表层沉积物间隙水和上覆水的营养盐分布特征,研究水体中沉积物-水体界面处 N、P 的扩散通量,揭示沉积物间隙水与上覆水中营养盐之间的相关性。但是关于沉积物间隙水与上覆水界面水溶性有机物的研究较少,尤其对重污染城市河流的研究甚少。

3.3.1 三维荧光光谱特征

白塔堡河上覆水和间隙水 DOM 的 EEM 光谱如图 3-15 所示,有机物中在 Ex = 220nm 和 Em = 295nm(峰 B1)、Ex = 230nm 和 Em = 340nm(峰 T)、Ex = 270nm 和 Em = 300nm(峰 B2)、Ex = 240nm 和 Em = 380nm(峰 A)、Ex = 310nm 和 Em = 400nm(峰 C)附近出现五个荧光峰。其中,峰 A 和峰 C 分别为紫外光区类富里酸和可见光区类富里酸,峰 B 为酪氨酸,峰 T 为色氨酸[66, 67]。

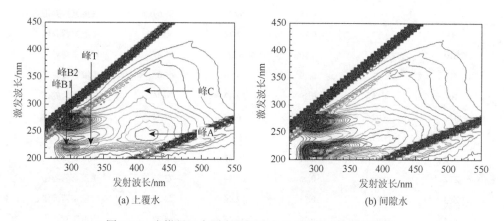

(a) 上覆水　　　　　　　　　(b) 间隙水

图 3-15　白塔堡河上覆水和间隙水 DOM 的三维荧光光谱

3.3.2 组成结构特征

利用平行因子法处理 64 个荧光光谱数据,得到 5 个组分(图 3-16)。组分 I 为酪氨酸物质,组分 II 为色氨酸物质,组分 III 为富里酸物质,组分 IV 为微生物代谢产物物质,组分 V 为胡敏酸物质。

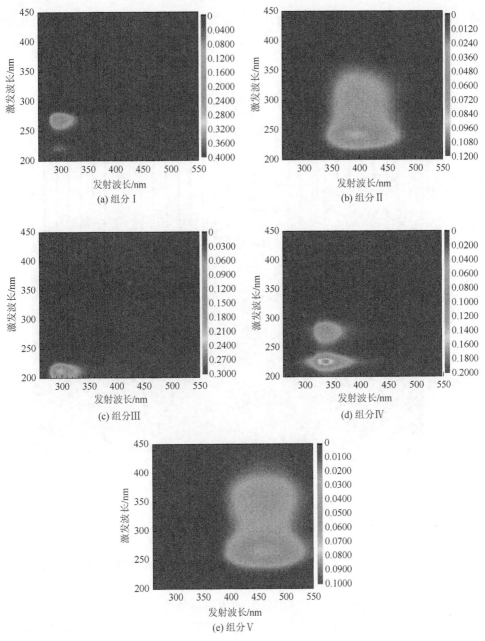

图 3-16　平行因子处理后得到的荧光组分

组分Ⅰ为酪氨酸物质，组分Ⅱ为色氨酸物质，组分Ⅲ为富里酸物质，组分Ⅳ为微生物代谢产物物质，
组分Ⅴ为胡敏酸物质

　　白塔堡上覆水 DOM 5 个组分相对丰度示意图如图 3-17 所示。其中组分Ⅰ，即酪氨酸所占的比重最大，基本上在 50% 左右，组分Ⅰ主要来源于动植物残体碎

屑；占比例最小的则是胡敏酸，而且它在大部分采样点中几乎不存在，只有在个别采样点存在，如采样点 Z5、Z10 等，这表明酪氨酸为上覆水 DOM 有机物中的主要成分。

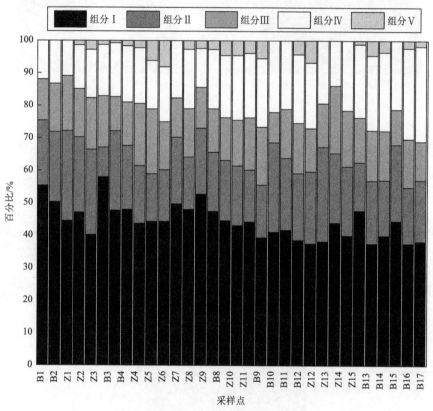

图 3-17　白塔堡河上覆水 DOM 5 个组分相对丰度示意图

由于 B5～B7 采样点位河流沉积物较少，离心后间歇水量不足以进行荧光分析，故省略，下同

　　组分Ⅳ可以表征微生物活性，水中污染物浓度越大，微生物活性则越大。从图 3-17 可以看出，组分Ⅳ沿上游到下游所占比例呈逐渐增大趋势，其主要是城市带河流污染物浓度大，水体中好氧或厌氧微生物多，对污染物进行降解所导致的。白塔堡河间隙水 DOM 5 个组分相对丰度见图 3-18，可以看出，每个采样点位沉积物间歇水 DOM 中各组分所占的比例各不相同，但表现出相同的分布特征，即相对其他几个组分，组分Ⅰ酪氨酸所占比例较高，约占到 30%，组分Ⅴ胡敏酸所占比例最小。间隙水 DOM 中组分Ⅲ和组分Ⅴ所占比例相比上覆水中大幅提升，因为这两种物质主要存在于沉积物中，沉积物中的营养物质有向上覆水扩散的趋势。

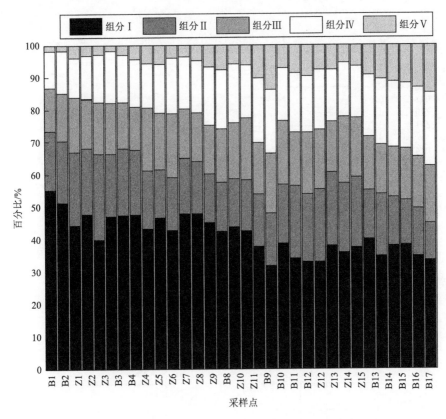

图 3-18　白塔堡河间隙水 DOM 5 个组分相对丰度示意图

3.3.3　空间聚类

应用 SPSS 软件对 5 个 DOM 组分浓度进行系统聚类分析，用到的数据组分别是沉积物间隙水和上覆水 5 个组分的平均丰度值，见图 3-19。当 Rescaled Distance（RD）<3 时，可以分为 3 组：B1、B2、Z1、Z2、Z3、B3、B4、B6、B7、Z4和 Z7 为第 1 组，Z5、Z6、B5、Z8、Z9、B8、B9、B11、B12、B13、B14、B16、Z10 和 Z11 为第 2 组，其余 B10、Z12、Z13、Z14、Z15、B15 和 B17 为第 3 组，即大致与河流的农村带河段、城镇带河段和城市带河段相吻合，间接说明：农村带水质最好，城镇带水质较差，而城市带水质最差。尽管第 2 组中采样点 B16 曹仲屯属于城市带，但由于丰水期河流水量较大，加上河水对污染物的稀释作用，降低了污染物和有机物的浓度。

重新标度距离聚类组合

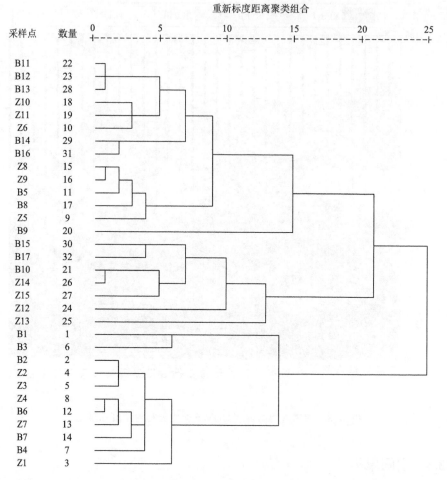

图 3-19 白塔堡河采样点空间聚类分析

3.4 白塔堡河 DOM 紫外光谱

3.4.1 紫外光谱特征

紫外-可见光吸收光谱是最早应用于表征腐殖质光谱特性的分析方法之一,它的最大优点是分析快捷、成本低廉、灵敏度高、样品量少、样品不被破坏和无须特殊分离等,这为研究天然有机物的来源、宏观特征以及样品的特征差异提供了快捷和便利的方法[68]。目前对 DOM 紫外-可见光吸收光谱的研究,主要集中在特定波段范围内有机质吸收光谱和两个特定波长下吸光度比值的研究上[69]。

通过对白塔堡河上覆水和间隙水 DOM 的紫外-可见光吸收光谱分析发现,

32 个采样点的水样，在 200～700nm 处的紫外吸光度值均随着波长的增大而呈指数递减，且从图 3-20 可以看出，在波长 250nm 附近出现了吸收平台，这是由腐殖质物质中木质素磺酸及其衍生物的光吸收所引起的，随着腐殖质芳香族和不饱和共轭双键结构的增加，腐殖质物质单位物质的量的紫外吸收强度增强[70]。在波长小于 240nm 的时候，通过无机离子如溴化物和硝酸盐，会出现一个较为显著的紫外吸收峰。而吸收峰的强度取决于溶液的 pH、有机碳浓度、分子结构和大小[71]。

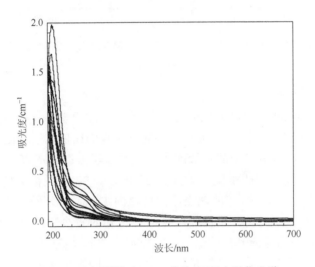

图 3-20　白塔堡河 DOM 紫外-可见光吸收光谱

3.4.2　DOM 组成结构特征

1. SUVA$_{254}$ 分析

SUVA$_{254}$ 定义为在 254nm 下的吸光度（m^{-1}）与该溶液的溶解性有机碳（DOC）（mg/L）的比值[72]。Nishijima 等[73]研究认为，有机物在 254nm 下的紫外吸收，主要是由包括芳香族化合物在内的具有不饱和碳—碳键的化合物引起的，这类化合物是较难分解的物质，而相同 DOC 浓度的有机质在该波长下吸光值的增加意味着腐殖质向非腐殖质的转化，DOM 分子质量越大，所含芳香族和不饱和共轭双键结构越多，单位物质的量的紫外吸收强度越高。

如图 3-21 所示，32 个采样点的上覆水 SUVA$_{254}$ 基本保持在 0.00207～0.00322，间隙水 SUVA$_{254}$ 基本在 0.00119～0.00426。不论是间隙水还是上覆水总体上呈现出从农村带到城镇带与城市带逐渐降低的趋势，并由非腐殖质向腐殖质转化。结果表明，城市带的 DOM 含有较多的具有不饱和碳—碳键的芳香族化合物。

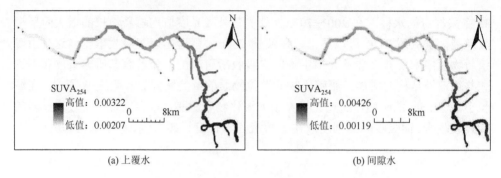

(a) 上覆水　　　　　　　　　　　　　　(b) 间隙水

图 3-21　白塔堡河上覆水、间隙水 DOM SUVA$_{254}$ 空间分布特征

2. 比值分析

250nm 与 365nm 吸光度的比值 E_2/E_3，常用于湖沼学中有机质腐殖化程度的指示[74]。Sonia 等[75]还提出用 250nm 与 365nm 吸收的比值区别不同来源的 DOM，当 E_2/E_3 < 3.5 时，有机质中胡敏酸的含量大于富里酸；当 E_2/E_3 ≥ 3.5 时，有机物中富里酸的含量大于胡敏酸。如图 3-22 所示，32 个采样点的 E_2/E_3 基本保持在 5～7，根据 Sonia 等[75]的观点，白塔堡河 DOM 的分子量分布应该以小分子量的富里酸为主，而大分子量的腐殖酸含量相对较少，总体上呈现出从农村带到城镇带与城市带逐渐升高的趋势。间隙水中的 E_2/E_3 在采样点 B11（世纪湖）处，腐殖化程度最为严重，可能是由于此处为公园娱乐场所，受人为因素的影响较大。Wang 和 Bettany[76]研究表明，该值的大小与有机质分子量成反比。因此，从本次实验结果来看，白塔堡河从农村带到城市带有机质分子量整体呈减小趋势。

E_2/E_4 定义为 240nm 与 420nm 吸光度的比值，表征有机物分子缩合度，并且有机物分子缩合度水平随着 E_2/E_4 值的降低而升高[77]。农村带沉积物间隙水 DOM 的 E_2/E_4 值在 7.214～11.35，而城镇带与城市带的 E_2/E_4 值在 11.35～17.253，表明农村带沉积物间隙水 DOM 分子缩合度高。

E_4/E_6（465nm 与 665nm 吸光度的比值）是一个用于表征苯环 C 骨架聚合程度的参数，E_4/E_6 值越小，有机质聚合程度越大[72]。但是，Chend 等[78]认为，E_4/E_6 除与有机质结构有关外，还与 pH、有机物中 COOH 含量和总酸度有关，Baes 和 Bloom[79]认为，E_4/E_6 不能完全反映有机质结构及分子量等方面信息。从图 3-22 可以看出，E_4/E_6 值从农村带到城市带逐渐增大，表明沉积物间隙水 DOM 分子聚合程度从城市带到农村带逐渐增高。由于该结论与 E_4/E_6 的研究结果一致，所以 E_4/E_6 可用于表征有机质分子聚合水平。

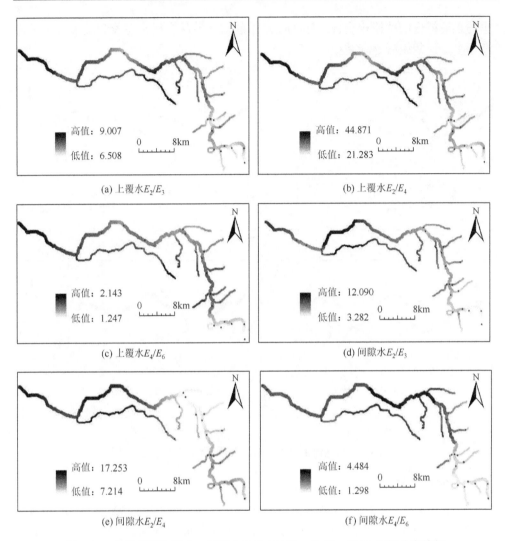

图 3-22　白塔堡河上覆水、间隙水 DOM E_2/E_3、E_2/E_4、E_4/E_6 空间分布特征

3. 斜率分析

有机质的紫外光谱在275~295nm与350~400nm这两个狭窄的波长区域内发生了最明显的变化，故将紫外光谱吸光度转化为自然对数，并计算出275~295nm和350~400nm的对数值拟合直线的斜率（$S_{275~295}$ 和 $S_{350~400}$），斜率可以半定量地表征富里酸和胡敏酸比值[80]。

白塔堡上覆水和间隙水中 DOM 的 $S_{275~295}$ 和 $S_{350~400}$ 均为负值，且呈逐渐增大趋势（图 3-23），按照 Carder 的解释，富里酸与胡敏酸的比值是逐渐增大的，也就说明，从农村带到城市带，白塔堡河上覆水和间隙水中的富里酸逐渐增多，这也与之前得出的结论相吻合，即 DOM 中的富里酸从农村带河段到城市带河段逐渐增多，而胡敏酸逐渐减少。

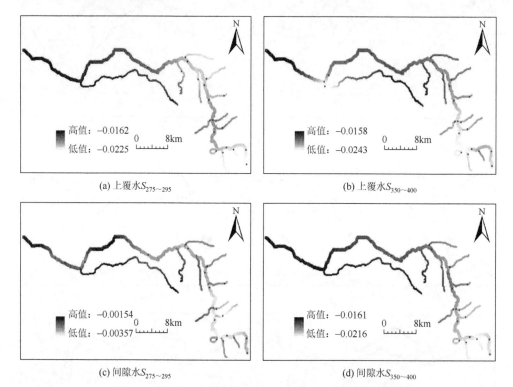

图 3-23 白塔堡河上覆水、间隙水 DOM 斜率空间分布特征

4. 面积分析

Albrecht 等[81]将 DOM 紫外光谱划分为三个区域，即 260～280nm、460～480nm 和 600～700nm，其波长所对应区域积分后所得的面积分别记为 A_1、A_2 和 A_3，其中，A_1 表示木质素和奎宁等有机质处于分解转化初期，A_2 表示有机质开始腐殖化，A_3 表示有机质已经深度腐殖化。此外，他们还定义了三个腐殖化指数：用 A_2/A_1 表示 A_2 与 A_1 面积的比值；A_3/A_1 表示 A_3 与 A_1 面积的比值；A_3/A_2 表示 A_3 与 A_2 面积的比值。A_2/A_1 反映了木质素和其他物质在腐殖化开始的比例，A_3/A_1 表示了腐殖化物质和非腐殖化物质之间的关系，A_3/A_2 表征有机质芳香度。有机质的腐殖化程度随着比值的增大而增大。

从图 3-24 可以看出，从河源头到入河口，A_2/A_1、A_3/A_1 和 A_3/A_2 的值呈减小的趋势，这说明：木质素与其他物质在腐殖化开始的比例逐渐减小，腐殖化物质与非腐殖化物质的比值越来越小，有机质芳香度逐渐减小，可以得出，从农村带到城镇带与城市带，32 个采样点的腐殖化水平逐渐降低。

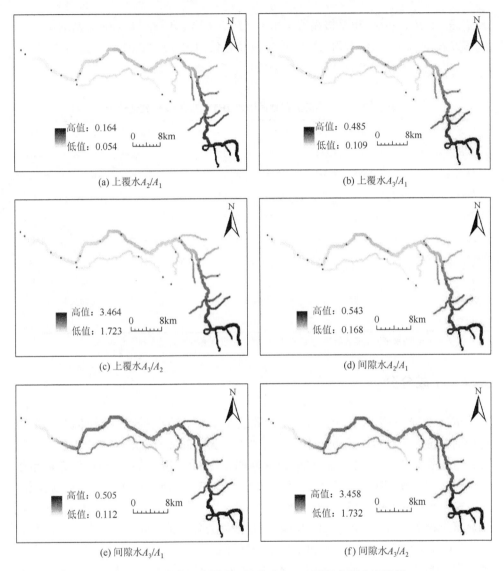

(a) 上覆水 A_2/A_1

(b) 上覆水 A_3/A_1

(c) 上覆水 A_3/A_2

(d) 间隙水 A_2/A_1

(e) 间隙水 A_3/A_1

(f) 间隙水 A_3/A_2

图 3-24 白塔堡河上覆水、间隙水 DOM 面积空间分布特征

3.4.3 相关性分析

为了揭示 32 个采样点各不同紫外-可见参数的相互关系,本书对白塔堡河沉积物间隙水 DOM 吸收光谱参数的 9 个指标进行了相关性分析,结果如表 3-12 所示:沉积物间隙水中 DOM 的 $SUVA_{254}$ 和 E_2/E_3 呈极显著正相关($P<0.01$),这可能与 DOM 中一些带苯环的化合物在这一波段范围内有几个吸收带有关,如苯胺在 254nm 附近有很强的吸收峰,因此,这两个参数之间存在着很高的相关性。

A_3/A_1 和 A_2/A_1、A_3/A_2 也呈极显著正相关（$P<0.01$），A_3/A_1 与 E_2/E_4、E_4/E_6，A_3/A_2 和 E_2/E_4，$S_{275~295}$，A_2/A_1 和 E_2/E_4 均呈极显著负相关（$P<0.01$），表明用 A_2/A_1、A_3/A_1 和 A_3/A_2 表示腐殖化水平，比其他几个指标更为准确。

表 3-12　白塔堡河沉积物间隙水 DOM 皮尔逊相关性分析

	E_2/E_3	E_2/E_4	E_4/E_6	SUVA$_{254}$	$S_{275~295}$	$S_{350~400}$	A_3/A_1	A_3/A_2	A_2/A_1
E_2/E_3	1.000	0.479	0.668*	0.887**	0.211	0.305	−0.581*	−0.554*	−0.519
E_2/E_4		1.000	0.642*	0.291	0.637*	0.683*	−0.884**	−0.710**	−0.787**
E_4/E_6			1.000	0.446	0.303	0.642*	−0.756**	−0.605*	−0.597*
SUVA$_{254}$				1.000	0.189	0.109	−0.333	−0.515	−0.308
$S_{275~295}$					1.000	0.280	−0.526	−0.704**	−0.238
$S_{350~400}$						1.000	0.269	0.368	0.366
A_3/A_1							1.000	0.748**	0.859**
A_3/A_2								1.000	0.451
A_2/A_1									1.000

**表示在 0.01 的水平上极显著相关；*表示在 0.05 的水平上显著相关。

3.4.4　主成分分析

运用 PCA 分析对 9 个紫外光谱参数进行分析，探寻影响沉积物间隙水 DOM 特征的关键因素。PCA 分析产生两个主成分（principal component，PC），它们的累计方差贡献率为 78.267%，能够反映原始指标的大部分特征。当指标载荷系数的绝对值大于 0.6 时，该指标为关键因子[82]。图 3-25（a）是 9 个参数的载荷图，PC1 累计方差贡献率为 58.571%，DOM 组成结构特征与 E_2/E_3、E_2/E_4、E_4/E_6、$S_{350~400}$ 呈显著正相关，而与 A_2/A_1、A_3/A_1 和 A_3/A_2 呈显著负相关。$S_{275~295}$ 载荷系数的绝对值小于 0.6，表明 $S_{275~295}$ 为非关键因子。9 个腐殖化指数分别位于两个置信椭圆内（置信水平为 65%），间接证明了 A_2/A_1、A_3/A_1 和 A_3/A_2 与其他 6 个参数呈负相关，这个结果与皮尔逊相关性分析得到的结论是一致的。

图 3-25（b）是白塔堡河 32 个采样点的得分图，与之前预期的聚类得到的结果基本相同，即在每个置信椭圆的置信水平为 65% 的情况下，32 个采样点，以 B6 和 B11 为分界点，可以分为农村带、城镇带和城市带，间接验证沉积物间隙水 DOM 组成与结构、腐殖化水平呈现从农村带向城镇带与城市带的分布特征，表明白塔堡河 DOM 深受人类活动影响。而且，农村带与城市带的重叠部分即为城镇带，这些采样点属于农村带与城市带的过渡部分，既存在点源污染也存在面源污染，因此具有农村带与城市带的共同特点。

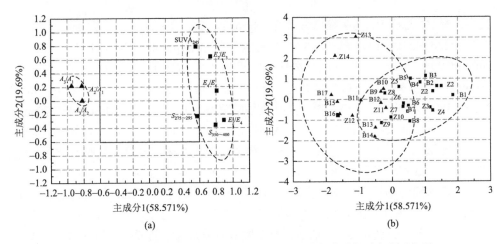

图 3-25　白塔堡河沉积物间隙水 DOM 主成分分析载荷矩阵与得分矩阵

3.5　白塔堡河 DOM-POM 荧光光谱特征

3.5.1　DOM 与 POM 三维荧光光谱特征分析

采样点位 6 的沉积物间隙水 DOM 和颗粒有机物（particulate organic matter，POM）EEM，与其他采样点的 EEM 特征相似（图 3-26）。总体来说，沉积物间隙水的 DOM 荧光强度远大于相应 POM 荧光强度，表明 DOM 中产生荧光的物质含量明显高于相应 POM 中的荧光物质。类似地，沉积物中 DOM 浓度在 10.44~19.43mg/L，而 POM 浓度范围为 2.04~4.31mg/L，DOM 的浓度是 POM 的 3.01~7.92 倍。DOM 三维荧光光谱图上明显地存在 5 个荧光尖峰与 2 个肩峰，

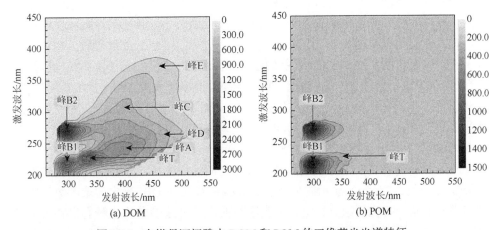

图 3-26　白塔堡河间隙水 DOM 和 POM 的三维荧光光谱特征

其中，峰 B1 与峰 B2 为类酪氨酸荧光（tyrosine-like，Ex/Em 210～230nm，260～280nm/280～310nm），峰 T 为类色氨酸荧光（tryptophan-like，Ex/Em 220～240nm/320～350nm），峰 A 为紫外区类富里酸荧光（UV fulvic-like，Ex/Em 240～260nm/380～410nm），峰 C 为可见光区类富里酸荧光（visible fulvic-like，Ex/Em 330～350nm/380～410nm），峰 D 与峰 E 为类胡敏酸荧光（humic-like，Ex/Em 250～270nm，360～380nm/270～510nm）[47]。在 POM 荧光光谱图上出现了明显的类酪氨酸荧光和类色氨酸荧光，而类富里酸荧光和类胡敏酸荧光并未出现，并且酪氨酸和色氨酸峰发生了红移现象，表明 POM 分子量大于 DOM 的分子量。

白塔堡河污染源主要来自生活污水，占年径流量的 70.12%，其次为工业园排水（占 20.11%）和工业污水（占 8.53%），而自然径流仅占 1.23%（为四舍五入结果）[40]。显然，白塔堡河深受人类活动影响，类酪氨酸主要来源于新鲜的、易降解的、具有高氧化性的类蛋白物质，而类色氨酸主要为微生物代谢产物，与微生物活性有关。此外，Battin[83]通过研究奥里诺科河水中的 DOM 荧光光谱特征，推演了一个荧光指数（fluorescence index，$f_{450/500}$），表征 DOM 来源。$f_{450/500}$ 是指在 EEM 光谱上 Ex/Em 370/450nm 与 Ex/Em 370/500nm 的荧光强度比值，比值接近 1.4 表明 DOM 以陆源为主，而接近 1.9 表明 DOM 以微生物源为主。沉积物间隙水 DOM 的 $f_{450/500}$ 介于 1.82～1.91，表明 DOM 主要是微生物源。间隙水 POM 的 $f_{450/500}$ 介于 1.42～1.68，表明 POM 以陆源输入为主。

3.5.2　自组织神经网络分析

经过自组织神经网络处理后，获得 U 矩阵［图 3-27（a）］、不同样品的组分平面［图 3-27（b）～（u）］与聚类结果［图 3-27（v）］。U 矩阵是一种最常见的自组织神经网络图形表达方式，呈现了经过学习训练后的相邻神经元之间的欧氏距离，并以颜色的深浅来表征神经元之间欧氏距离大小，颜色越深则欧氏距离越小，表明神经元特征越相近[84]。在 U 矩阵中，区分不同组分的边界较为粗糙，并且不能确定组分的个数。在所用样品的组分平面中，由于各组分平面颜色梯度没有进行归一化处理，只能定性地表征不同组分特征，而不能表征各组分的大小的变化。组分平面的水平轴为 EEM 光谱中的发射波长，而垂向轴为激发波长。所有样品的类蛋白峰非常明显，富里酸峰在 DOM 中较为明显［图 3-27（b）～（k）］，而在 POM 中就不明显了［图 3-27（l）～（u）］。

应用 K-means 算法推算聚类数与平方差之间的相关性，再用 DBI 来确定最佳聚类数[85]。图 3-27（v）显示的是基于 K-means 算法和 DBI 确定的聚类数，每一种聚类表示同一有机物组分特征，聚类数与前面寻峰法确定的 4 种有机物组分是一致的。自组织神经网络通过激发波长特征来解析荧光数据。基于聚类的激发波长范围，结合寻峰法发现的 4 种有机物组分，可以确定这 4 种组分：组分 I 为类酪氨酸（C1），组分 II 为类色氨酸（C2），组分III为类富里酸（C3），组分IV为类胡敏酸（C4）。

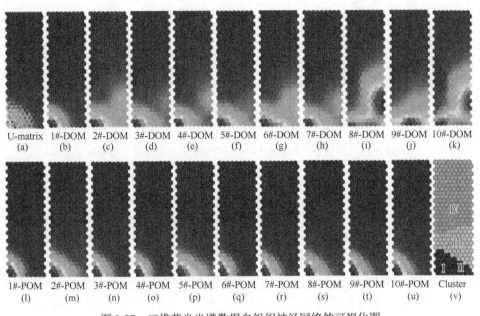

图 3-27　三维荧光光谱数据自组织神经网络的可视化图

（a）U 矩阵；DOM（b）～（k）间隙水有机物组分平面图；（l）～（u）POM；（v）聚类

3.5.3　DOM 与 POM 荧光组分特征分析

每一种聚类的标准化权重可以半定量地表示有机质荧光特征，与有机物组分的实际丰度呈正相关，因此，标准化权重可以表征有机物组分的含量。在沉积物的间隙水 DOM 中，农村带上游河源区的有机物平均丰度最低（44.4），农村带下游的有机物平均丰度最高（69.5），城市带的平均丰度为 55.3（图 3-28），表明农村带沉积物 DOM 的荧光物质最多，而河源的荧光物质最少。间隙水中 DOM 以微生物源为主，即微生物对有机质降解，生成较稳定的小分子有机物。河源区域是农村带的上游区域，一般为人类活动影响较小的区域，水质好，DOM 主要来源于动植物残体的降解与微生物活动产物。由于河源的水流速较快，大部分有机物随河流向下汇集，只有少部分有机物沉降到沉积物中。农村带下游深受人类活动影响，水质较差，除了上游河段汇集来的有机物外，大部分来自生活污染、养殖废水、农田退水以及工业园排水等。由于该河段河水流速较慢，有机物沉降比重明显高于河源段。城市带有机物除了上游的汇集外，主要来源于城市生活污水和工业废水，并且河水流速缓慢，有的河段甚至形成滞水区，使得有机物大部分沉降到沉积物中。

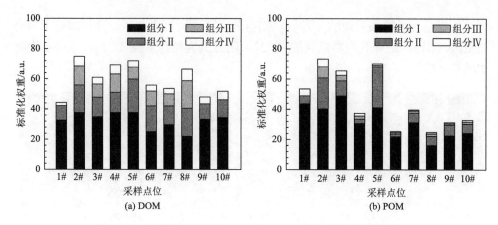

图 3-28　白塔堡河间隙水 DOM 和 POM 各组分丰度分布特征

在沉积物的间隙水 POM 中,农村带下游的有机物丰度均在 32 以上(除了 4#),都高于农村带上游河源区和城市带的有机物丰度。城市带的丰度最低,河源区的丰度介于两者之间,POM 以新鲜的易降解的大分子有机质为主,以陆地源为主。在河源区,POM 主要来源于陆地动植物残体及水生生物代谢产物与碎屑。在农村区域河段中,POM 除了部分来自上游河水中 POM 汇集外,大部分来自养殖废水、农田退水以及动植物残体随地表径流汇入等。由于河水流速慢,沉降到沉积物中的比重比河源区增大,该河段的 POM 丰度最大。在城市带,POM 除了随河水从上游汇入外,主要来源于城市生活污水。城市地面的硬化率高,河岸固化,导致随地表径流汇入的新鲜有机物减少。因此,城市区域河段的间隙水中 POM 丰度最低。

在沉积物的间隙水 DOM 中,类酪氨酸(C1d)(d 指 DOM,下同)的平均丰度大小按不同区域河段排序为农村(73.7)>河源(55.2)>城市(44.1),类色氨酸(C2d)的排序为,城市(25.8)>农村(22.1)>河源(13.2)。类色氨酸表征微生物代谢产物,可以间接指示微生物活性,所以微生物活性的排序为,城市>农村>河源。微生物将类蛋白等大分子物质降解为小分子,并通过缩合、芳化等作用形成稳定的腐殖质的过程,称为有机物的腐殖化过程。该过程导致类蛋白物质含量减少,而类腐殖质物质相对增加。因此,类富里酸(C3d)与类胡敏酸(C4d)的排序为,城市>农村>河源。在间隙水 POM 中,类酪氨酸(C1p)(p 指 POM,下同)平均丰度的排序为,河源(21.9)>农村(20.1)>城市(11.7);类色氨酸(C2p)的排序为,农村(7.6)>城市(2.7)>河源(1.6),而类富里酸(C3p)、类胡敏酸(C4p)的排列顺序分别与 C3d、C4d 的相反,这是由于间隙水中 POM 各组分以陆地输入为主,而 DOM 各组分以微生物源为主。

每个组分的相对丰度是指该组分的标准化权重(normalized weights)占所有

组分标准化权重和的百分比，图 3-29 显示不同采样点位的沉积物间隙水 DOM 和 POM 中各组分的相对丰度。C1d 的相对丰度最小值为 33.4%，最大值为 73.7%，变化较大，而 C1p 的相对丰度在 54.8%~81.3%，表明类酪氨酸分别为 DOM 与 POM 的主要成分。DOM 中的 C1d 的平均相对丰度（51.5%）小于 POM 中的平均相对丰度 C1p（72.9%），而 DOM 中的 C2d 的平均相对丰度（23.1%）大于 POM 中的平均相对丰度 C2p（18.6%），表明 DOM 中微生物分解酪氨酸（主要来源于新鲜的、易降解的、具有高氧化性的类蛋白物质）强度要大于 POM 的强度。酪氨酸等类蛋白分解产物容易形成腐殖酸类物质，导致 DOM 中的类富里酸（17.4%）和类胡敏酸（8.1%）的平均相对丰度大于 POM 中的类富里酸（5.13%）和类胡敏酸（3.33）平均相对丰度。

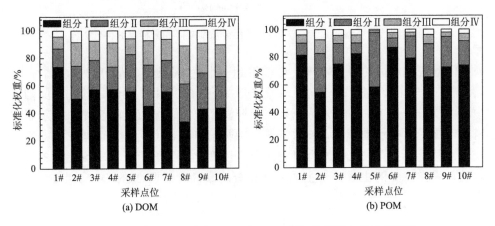

图 3-29 白塔堡河间隙水 DOM 和 POM 各组分相对丰度分布特征

3.5.4 主成分分析

应用 PCA 对河流沉积物间隙水 DOM 和 POM 各组分进行分析，辨识影响有机物特征的关键因子。PCA 分析产生两个主成分，它们的累计方差贡献率为 75.8%，能够反映原始指标的大部分特征。如果指标载荷系数的绝对值大于 0.7，那么该指标为关键因子[56]。图 3-30 为白塔堡河 DOM 与 POM 各组分载荷矩阵和采样点的得分矩阵。PC1 累计方差贡献率为 46.4%，C1p 和 C1d 的载荷系数大于 0.7，表明有机物特征与 C1p、C1d 呈极显著正相关，决定 DOM 和 POM 的性质，间接证明了沉积物间隙水中的 DOM 和 POM 的成分以类酪氨酸为主；PC2 累计方差贡献率为 29.4%，C2d 的载荷系数大于 0.7，表明 DOM 特征与 C2d 呈显著正相关，间接验证了 DOM 中微生物活性比 POM 中的强。

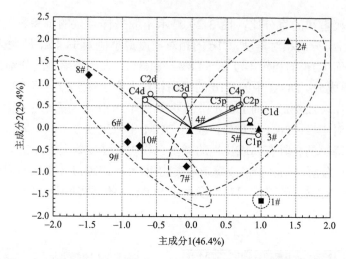

图 3-30　白塔堡河 DOM 与 POM 各组分载荷矩阵和采样点的得分矩阵

依据采样点位的得分矩阵，可以得到三个置信椭圆（置信度为 65%），即河源带（1#）、农村带（2～5#）与城市带（6～10#）（图 3-30），验证了间隙水中的 DOM 和 POM 各组分特征呈现沿河源、农村、城市区域变化，揭示了白塔堡河深受人类活动影响。农村带置信椭圆的纵轴长度明显大于城市带的纵轴长度，表明前者间隙水中的有机物组分丰度变化高于城市带的丰度（图 3-30）。此外，采样点 2 的主成分与主成分 2 得分均最高，说明 2#的 DOM 和 POM 丰度最大。

3.6　沉积物营养物分布特征

3.6.1　沉积物总氮分布特征

沉积物中 TN 的来源主要包括陆源输入、细胞物质、浮游生物残体与排泄物等[86]。白塔堡河沉积物中 TN 的累积除了受白塔堡河流域农田灌溉、施工建设、工厂排污等人为活动的影响外，也有来自河流自身的动植物残体分解释放等因素的影响。本书应用克里金法对白塔堡河 32 个采样点位表层沉积物 TN 浓度进行分析（图 3-31），结果表明，TN 在白塔堡河表层沉积物中的累积受沉积速率、矿化作用进程、沉积物的氧化还原环境及沉积粒度等因素影响，上下游有所差异。白塔堡河表层沉积物中 TN 质量分数在 2.172‰～5.836‰变化，平均值为 3.86‰。表层沉积物中 TN 在分布上表现为沿水流方向，从上游到下游逐渐增高。

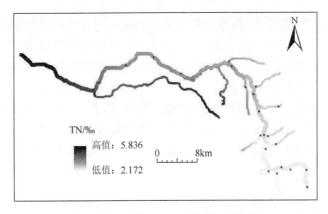

图 3-31 白塔堡河沉积物 TN 分布图

白塔堡河下游处于城市带，水体受人为活动影响较为强烈，使水体携带大量的营养盐流进河流，致使沉积物中 TN 质量分数较高。而上游农村段受人类生活影响较小，加之该区域分布有一些沉水植物，使得上游沉积物中 TN 质量分数相对较低。

3.6.2 沉积物总磷分布特征

河流沉积物中 TP 的分布特征不仅受环境地球化学影响，还与河流外源污染、流域周围人类活动、上覆水体受污染程度及沉积物的理化性质等密切相关[87]。

通过对白塔堡河沉积物中 TP 的分布特征分析，如图 3-32 所示，沉积物中 TP 分布特征的总体趋势与全氮基本相同，即沉积物中 TP 浓度在分布上呈现沿水流方向逐渐增高的趋势，揭示了沉积环境和水动力条件的变化对磷在沉积物中的累积有一定影响，也在一定程度上反映了磷来源的多样性[88]。

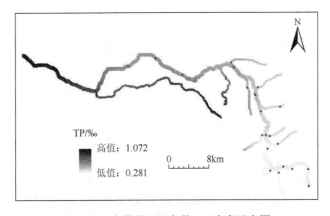

图 3-32 白塔堡河沉积物 TP 浓度示意图

白塔堡河沉积物中 TP 质量分数为 0.281‰～1.072‰，平均值为 0.563‰。且据报道白塔堡河所接纳的各类废水中，城市生活污水对磷的贡献最大，这可能是由于城市居民对洗发水、洗衣液、洗洁精等清洁用品的使用较为频繁。白塔堡河沉积物 TP 浓度的最高值出现在下游上升河支流汇入之后，这主要是由于城市带的人口密度大，生活污水大量排入白塔堡河。白塔堡河沉积物 TP 浓度低值区出现在白塔堡河水源头处，与上覆水和间隙水 TP 浓度的最低值出现的位置基本一致，这主要源于该区域以农田为主，周边基本无居民，受人为因素影响较小。

3.6.3　沉积物有机质分布特征

有机质对氮、磷等营养元素在沉积物中的迁移、转化等地球化学行为起着至关重要的作用。沉积物中有机质主要来源于水体中动植物残体、浮游生物及微生物等的沉积所产生的有机质及外界水源循环过程中携带进来的颗粒态和溶解态的有机质。相关研究表明，有机质矿化过程中大量耗氧，同时释放出 C、N、P 等营养盐，会造成严重的水质恶化和水体富营养化[89]。

白塔堡河沉积物中有机质质量分数在 1.622%～7.183%变化，平均值为 4.852%（图 3-33）。有机质质量分数的最高值出现在上升河与白塔堡河干流的交汇处，这主要是因为水较深利于有机质在沉积物表层富集[90]，加上该区域水生植物较多，使得有机质供给丰富；而白塔堡河有机质质量分数的最低点出现在河流的源头处，这主要由于该区域水深相对比较浅，当受到水动力等条件的扰动时，对有机质质量分数的变化影响较为明显。

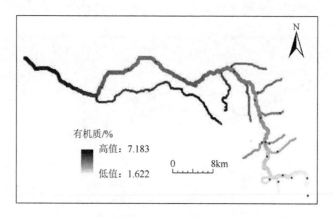

图 3-33　白塔堡河沉积物有机质质量分数示意图

3.6.4　沉积物碳–氮–磷耦合分析

1. 碳、氮耦合及其对环境的表征作用

C/N 比值在某种程度上可以反映营养盐类型及主要物质来源，不同来源的有机质中 C/N 比值具有明显的差异，细菌等微生物的 C/N 比值在 2～4，非维管植物 C/N 比值在 4～10，含纤维束的维管陆生植物 C/N 比值大于 20，大多数高等植物具有较高的 C/N 比值，可高达 50 以上，所以 C/N 比值也常被用来表征有机质的潜在输入源，用于湖泊生态环境演化过程的研究[89]。另有研究表明，根据沉积物有机质及其 C 和 N 的组成差别，可以区分内源和外源有机质的比例，当 $w(C)/w(N)>10$ 时，沉积物以外源有机质为主；$w(C)/w(N)<10$ 时，以内源有机质为主；$w(C)/w(N)=10$ 时，外源与内源有机质达到平衡状态。

由图 3-34 可知，白塔堡河沉积物 TOC/TN 比值在 6.12～10.96，平均值为 8.54，反映出白塔堡河沉积物有机质以内源为主。沉积物 TOC/TN 的值在采样点 B3 处最高，可能是该采样点周围芦苇等大型挺水植物较多，导致有机质升高。在河流源头处，几乎不受人类活动及外源输入的影响，且该区域湖底大量分布着以黑藻为优势种的沉水植物，加上 TN 含量较 TOC 含量相对低很多，使得源头区域 TOC/TN 出现高值。

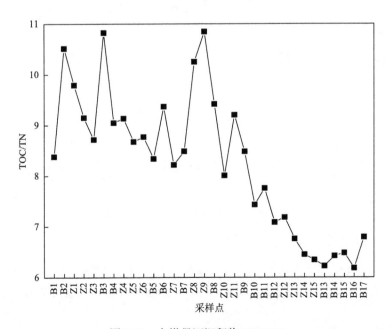

图 3-34　白塔堡河沉积物 TOC/TN

通过对白塔堡河沉积物中 TOC 与 TN 之间的相关性研究，发现二者具有极显著正相关关系，其中相关系数为 0.9397，所得到的线性回归方程为 TOC = 5.2605TN + 7.4579。这是因为 C 和 N 都是组成生物体的基本元素，在生物体内含量较为固定，且具有同源性，其来源均为有机物[91, 92]。

2. 白塔堡河沉积物的碳、磷耦合

白塔堡河沉积物 TOC/TP 的值在 31.17～58.12 变化（图 3-35），平均值为 46.93，河流上游和下游的 TOC/TP 值较低，中游处比值较高。白塔堡河沉积物中 TOC/TP 比值高，一方面是由于 TN 含量高于 TP，且 TOC 的含量远高于 TP 的含量；另一方面则是由于水体内的生物死亡后，体内的 P 被快速分解释放，而 C 的释放则相对较为缓慢。对白塔堡河沉积物 TOC 与 TP 做相关性分析，发现 TOC 与全磷无明显的相关性，这可能是因为 P 在沉积物中的存在形态比较复杂，且白塔堡河沉积物中主要以无机磷的形态存在。

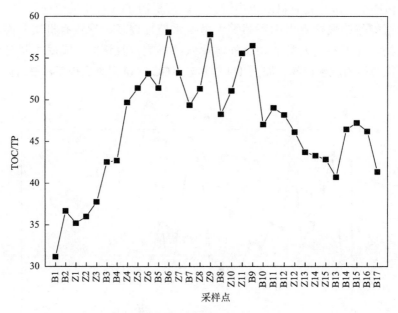

图 3-35　白塔堡河沉积物中 TOC/TP

3. TN/TP 比值分析

沉积物中 TN、TP 含量及比值通常为水中 TN、TP 的聚积、沉积，以及沉积物溶出、释放两种动态过程的综合反映，TN/TP 比值某种程度上也反映出河流的富营养状态。

白塔堡河沉积物 TN/TP 比值在 3.51～7.53 变化（图 3-36），平均值为 5.52，

其分布特征与 TOC/TP 相似，即白塔堡河上游 TN/TP 比值较低，下游 TN/TP 比值较高。TN/TP 比值越高，表明富营养化程度越高，由此可见，白塔堡河沿水流方向的富营养化状态越来越高，这与图 3-35 中得到的结论也是一致的。

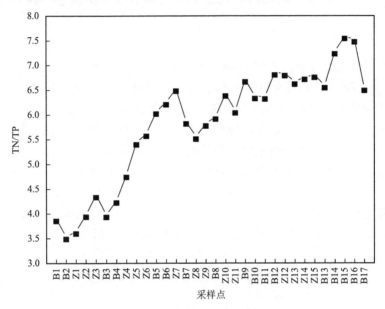

图 3-36　白塔堡河沉积物中 TN/TP

3.7　白塔堡河水环境特征小结

　　白塔堡河上覆水 COD、BOD$_5$、TP、TN 和 NH$_3$-N 浓度，丰水期明显低于枯水期；白塔堡河上覆水和间隙水中的 TP、TN 和 NH$_3$-N 浓度的空间分布总体可以划分为三个区域，即农村带、城镇带和城市带，且水质状况农村带最好，城镇带次之，城市带污染最为严重，表明白塔堡河受周边人类活动的影响十分剧烈。白塔堡河沉积物-水界面间，亚硝酸盐、氨氮、硝酸盐和磷酸盐的平均扩散通量，分别为 0.134μmol/(m^2·d)、0.429μmol/(m^2·d)、0.080μmol/(m^2·d)和 0.143μmol/(m^2·d)表明沉积物中的营养物质有向上覆水扩散的趋势。

　　白塔堡河上覆水和间隙水 DOM 主要是由酪氨酸、色氨酸、富里酸、微生物代谢产物与胡敏酸组成，酪氨酸所占比重最大，胡敏酸最小。DOM 沿农村、城镇、城市区域分布，DOM 的腐殖化程度呈现农村带、城镇带与城市带的分布特征，并且由农村带向城市带逐渐增强。

　　白塔堡河沉积物中 TN 质量分数在 2.172‰～5.836‰，平均值为 3.86‰；TP 质量分数为 0.281‰～1.072‰，平均值为 0.563‰；有机质质量分数在 1.622%～7.183%变化，平均值为 4.852%，从上游农村带到下游城市带逐渐升高。

第4章 典型城镇化河流水环境修复技术研究

快速城镇化过程中，许多城市河流受到污染，尤其是城乡接合部的一些沟渠塘坝，黑臭水体较多。随着重点流域水污染防治计划的持续实施，尤其是 2015 年以来《水污染防治行动计划》的实施，城市水环境治理取得重大进展，但仍存在部分城市河流水质反复恶化的现象。城市河流水质转化机制的复杂性决定了水环境治理和修复的难度，需要针对水体污染程度、污染成因和不同治理阶段的要求，研发适用的治理技术。本章针对白塔堡河水污染特征，尤其是氮磷营养物及有机质迁移转化研究成果，揭示白塔堡河水质恶化成因，研发景观水体富营养机理诊断技术，构建水体除藻-水生植物净化-补水活水协同修复技术体系，以期为北方城市典型城镇化河流水环境治理和水生态修复提供技术支撑。

4.1 景观水体富营养化机理研究

4.1.1 微宇宙试验系统水质指标特征

水质指标包括 COD、TOC、NH_3-N、TN、TP、Chla，其中，COD、TOC 主要反映水体中有机物的污染情况，而 NH_3-N、TN、TP 可以表征无机污染状况，Chla 则主要反映水体富营养化程度。第 1~3 批水样是《地表水环境质量标准》（GB 3838—2002）V 类水体模拟阶段，第 4~15 批水样为Ⅲ类水体模拟阶段，第 16~20 批水样为加入 C、N、P 等营养盐冲击阶段。COD、TOC、NH_3-N、TN、TP 等指标，第 3~6 批水样变化较大，因为正处于水体置换阶段，水质波动大，而第 15~17 批的变化则是受到加入 C、N、P 的影响。

1. COD 变化特征

图 4-1 反映 COD 的变化过程，第 1~3 批水样，COD 变化较小，表明水体处于相对稳定状态；第 6~15 批水样 COD 均呈下降趋势，水质都已稳定，这是由于 V 类水被Ⅲ类水置换；第 16 批由于 C、N、P 的投加，COD 值迅速增大，第 17~20 批呈下降并可能稳定在一个较高水平，水体发生富营养化。

2. TOC 变化特征

图 4-2 反映 TOC 的变化过程，第 7~13 批水样 TOC 呈低水平，水质稳定，这

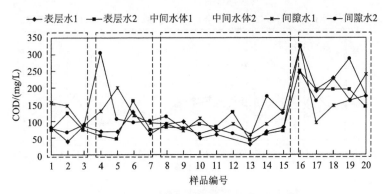

图 4-1　水体富营养化进程中 COD 的变化

中间水体 1 包括了表层水 1 和表层水 2，中间水体 2 包括间隙水 1 和间隙水 2，后同

是由于水体被Ⅲ类水置换，TOC 含量较低。第 16 批由于 C、N、P 的投加，TOC 值迅速升高，第 17~20 批呈下降并可能稳定在一个较高水平，水体发生富营养化。

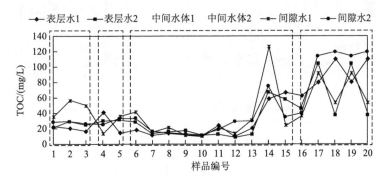

图 4-2　水体富营养化进程中 TOC 的变化

3. TN 变化特征

图 4-3 表示 TN 的变化特征，第 1~3 批水样、第 6~15 批水样这两个阶段 TN 均呈下降趋势，但趋势不明显，而且水质稳定，表明 N 元素充足，不是水体发生富营养化的限制性因素；第 16 批由于 C、N、P 的投加，TN 含量迅速增大；第 17~20 批 TN 下降并可能趋于稳定。

4. TP 变化特征

图 4-4 显示 TP 的变化过程，第 1~4 批水样，TP 浓度迅速下降，表明 P 元素被藻类大量吸收。第 6~15 批水样Ⅴ类水体模拟阶段和Ⅲ类水体模拟阶段 TP 均呈下降趋势，而且水质已稳定，这是由于 P 不足，富营养化进程受到影响；第 16 批 C、N、P 的投加，TP 值增大，第 17~20 批呈下降并可能趋于稳定，水体发生富营养化现象。

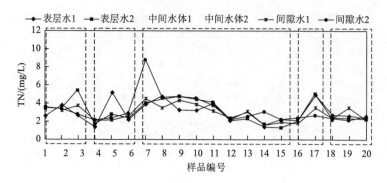

图 4-3　水体富营养化进程中 TN 的变化

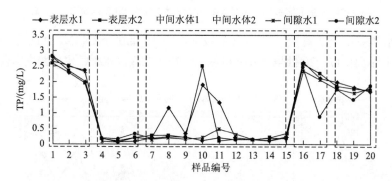

图 4-4　水体富营养化进程中 TP 的变化

5. NH$_3$-N 变化特征

如图 4-5 所示，第 1～3 批水样、第 6～15 批水样这两个阶段 NH$_3$-N 均呈下降趋势，而且水质都已稳定，水体被Ⅲ类水置换，富营养化进程受到影响，NH$_3$-N 总体不高，还未达到富营养化；第 16 批由于 C、N、P 的投加，NH$_3$-N 含量迅速升高；第 17～20 批呈下降并可能稳定在一个较高水平，水体发生富营养化。

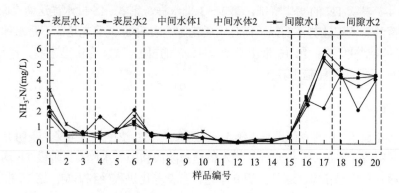

图 4-5　水体富营养化进程中 NH$_3$-N 的变化

6. Chla 变化特征

图 4-6 指出，在第 15 批样品之前，水体富营养化程度较低，故从第 15 批开始测定 Chla，到第 20 批为止，共 36 个样品。由图 4-6 可知，第 15～16 批刚加入营养元素，富营养化程度不高，Chla 含量不高，由于营养盐的冲击，含量变化较大，随着富营养化进程，第 16～19 批样品的 Chla 含量逐渐稳定。

综上所述，NH₃-N、TN、TP、COD、TOC 在第 6～15 批水样这两个阶段均呈下降趋势，而且水质都已稳定；随着第 16 批 C、N、P 投加，数值升高；从第 17～20 批呈下降并趋于稳定，水体开始初步富营养化。说明在富营养化进程中，各化学指标能一致反映富营养化程度。TP 是富营养化进程的限制性因子。

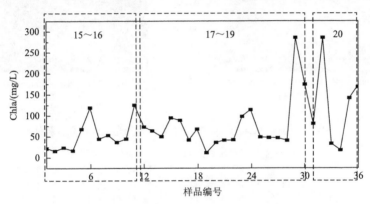

图 4-6　水体富营养化进程中 Chla 的变化

4.1.2　微宇宙试验系统 DOM 特征

1. DOM 荧光光谱特征

图 4-7（a）显示，微宇宙试验系统反应器水样 DOM 的 EEM，与河水中 DOM 的 EEM 特征相似。在 DOM 三维荧光光谱图上明显地存在 2 个荧光尖峰与 3 个肩峰，其中，峰 B 为类酪氨酸荧光（tyrosine-like，Ex/Em 210～230nm/260～280nm），峰 T 为类色氨酸荧光（tryptophan-like，Ex/Em 220～240nm/320～350nm），峰 A 为富里酸荧光（fulvic acid-like，Ex/Em 240～260nm/380～410nm），峰 M 为微生物代谢产物（microbial byproduct-like，Ex/Em 330～350nm/380～410nm）。

2. 体积积分

基于水样的 EEM 特征，可以划分 5 个荧光区域［图 4-7（b）］：Ex<250nm 与 Em<380nm 的区域表征类蛋白物质，定义为类酪氨酸（Ⅰ）和类色氨酸（Ⅱ）；

Ex<300nm 与 Em>380nm 表征类富里酸（Ⅲ）；250nm<Ex<300nm 与 Em<380nm 表示微生物代谢产物（Ⅳ）；Ex>300nm 与 Em>380nm 表示类胡敏酸（Ⅴ）。

根据区域面积积分法（FRI），得到 EEM 光谱 5 个区域的积分标准体积 $\Phi_{i,n}$，经过 TOC 均一化处理后，由图 4-8 可知，区域Ⅰ、Ⅱ、Ⅳ的含量较Ⅲ、Ⅴ高出一些，这是由于在水质稳定的过程中，加入了属于外源污染的营养盐所导致的。随着富营养化进程加剧，各区域的 $\Phi_{i,n}$ 都有较大的降幅，这是由于大量有机污染物被分解。

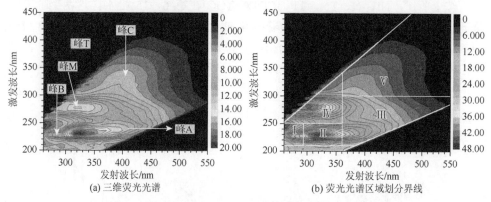

(a) 三维荧光光谱　　　　　　　(b) 荧光光谱区域划分界线

图 4-7　反应器水样的三维荧光光谱与荧光光谱区域划分界线

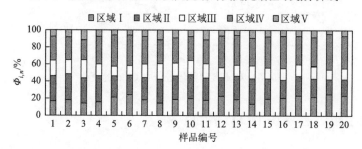

图 4-8　水体富营养化进程中 $\Phi_{i,n}$ 的变化

由图 4-8 可知，随着富营养化的进行，类腐殖酸类物质占比逐渐增大，类蛋白质类物质占比则呈下降趋势。

3. 平行因子组分分析

在 MATLAB 7.0 软件上运用 DOMfluor 工具箱对样品的 EEM 数据进行平行因子分析，识别微宇宙模型中 DOM 荧光光谱的组分及丰度特征，模型通过对半检验（split-half analysis）法将数据分为两个随机的子数据库来验证分析结果的可靠性，如果两个子数据库得到的模型模拟结果一致，则说明模型确定的荧光组分数正确。

图 4-9 是用平行因子分析解析得到的水样各组分的等值线图，有三种组分，分别是酪氨酸、色氨酸、富里酸。

色氨酸与酪氨酸，1~24#，呈下降趋势，对应 V 类水体运行阶段，类蛋白物质被降解（图 4-10）；25~36#，对应水体置换初始阶段，变化剧烈，说明此时水体很不稳定；37~78#，对应水体逐渐稳定阶段，变化剧烈程度趋缓；79~84#，对应水质稳定阶段，酪氨酸和色氨酸浓度稳步下降；85~96#，对应加入 C、N、P 等营养元素之后，类蛋白又重复了剧烈变化过程；97~120#，对应水体逐渐稳定。

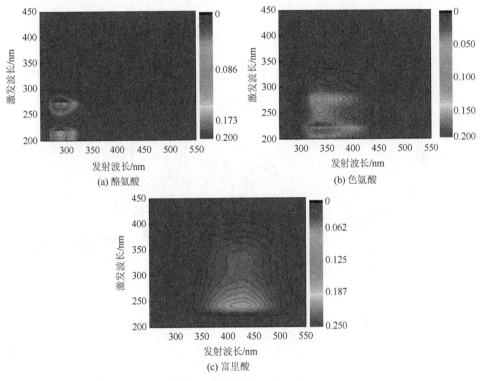

图 4-9　水样 DOM 组分特征

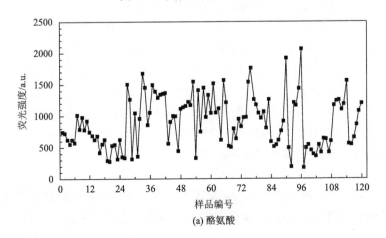

(a) 酪氨酸

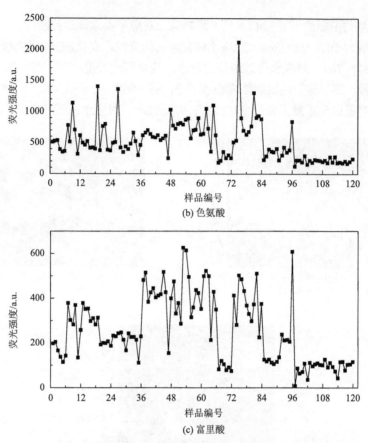

(b) 色氨酸

(c) 富里酸

图 4-10　景观水体富营养化过程水溶性有机物迁移转化过程

　　1~24#，富里酸呈上升趋势，对应Ⅴ类水体运行阶段，类蛋白物质降解，合成富里酸，初期不稳定；25~36#，对应水体置换初始阶段，变化较小，说明此时水体中类蛋白正在不断变化，富里酸类物质变化小；37~78#，对应水体逐渐稳定阶段，类蛋白分解开始，富里酸变化剧烈；79~84#，对应水质稳定阶段；85~96#，加入 C、N、P 等营养元素之后，类蛋白又重复了剧烈变化阶段，富里酸变化依旧不大；97~120#，对应水体逐渐稳定阶段。总色氨酸为微生物代谢产物，表征微生物的活性，而色氨酸中含有 N 元素，两者有一定相关性（图 4-11）。TP 与色氨酸也有一定相关性，这是因为 P 元素为组成蛋白质不可缺少的部分，而且也说明了 TP、TN 之间相关程度也较高，两者能够准确地反映水质情况。

　　综上所述，微宇宙模型 DOM 特征有以下三个方面。

　　（1）水质稳定过程分为三个阶段。

　　第Ⅰ阶段，1~3#（运行 20d）：Ⅴ类水体模拟阶段，不论色氨酸还是酪氨酸，均逐渐降低，微生物活性强，藻类滋生，水体发生富营养化。

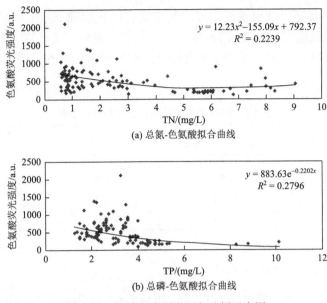

图 4-11　氮磷与类蛋白回归分析示意图

第Ⅱ阶段，4～15#（45d）：Ⅲ类水体模拟阶段，酪氨酸变化很剧烈，色氨酸逐渐升高，微生物活性增强，表明水质明显改善。

第Ⅲ阶段，16～20#（15d）：营养物冲击阶段，酪氨酸变化剧烈，而色氨酸稳定，表明微生物活性降低，水质恶化。

（2）富里酸、酪氨酸与 TN、TP 的相关性不显著，而色氨酸与 TN、TP 的相关性较为显著（$R^2 = 0.45$，$P<0.05$；$R^2 = 0.52$，$P<0.045$）；色氨酸为微生物代谢产物，表征微生物的活性，可以指示水体水质变化情况，即水体水质随色氨酸浓度降低，水体易发生富营养化。

（3）富里酸、酪氨酸与叶绿素的相关性较为显著，而色氨酸与叶绿素的相关性不显著，表明叶绿素主要成分为类蛋白，富里酸含量较少，可以用酪氨酸来表征叶绿素浓度。

4.2　景观水体除藻技术研究

4.2.1　改性材料表征

1. 改性材料的比表面积分析

表 4-1 数据显示，经过酸浸、$LaCl_3$ 溶液改性后，沸石的比表面积、总孔容增大，而平均孔径减小，这是由于经过酸处理疏通了沸石孔道，除去一些表面

杂质从而改善其离子交换性能，虽然其平均孔径有所减小，但依然大于 NH_4^+ 直径。硅藻土经过酸浸、$LaCl_3$ 溶液改性后，其比表面积、总孔容、平均孔径都有所增大，但增大的不多。可能硅藻土经过酸处理可以选择性地脱除矿物中的硅，降低硅铝比。

表 4-1　材料改性前后的比表面积分析结果

样品	比表面积/(m²/g)	总孔容/(cm³/g)	平均孔径/nm
沸石	35.4918	0.0558	6.2900
改性沸石	86.7906	0.0958	4.4160
硅藻土	1.7012	0.00013	0.1956
改性硅藻土	2.8348	0.0002	0.2792

2. 改性矿物材料的结构表征

图 4-12（a）为沸石原土经过酸处理，再经 $LaCl_3$ 溶液改性的 X 射线衍射（X-ray diffraction，XRD）图。对比沸石改性前后，没有出现新的特征峰，只是原有衍射峰降低，表明改性并没改变硅藻土的晶体机构，只是除去了沸石表面原有的一些杂质。

图 4-12（b）为硅藻土原土与改性硅藻土的 XRD 图。改性前后，包括酸处理过程样品的两处清晰的衍射峰，比对 X 衍射标准卡片可知主要物相是 SiO_2，改性前后没有出现新的特征峰，只是原有衍射峰降低，表明改性并没有改变硅藻土的晶体结构。

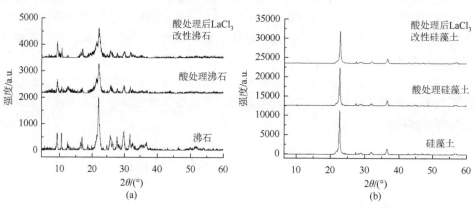

图 4-12　沸石与硅藻土改性前后的 XRD

2θ 指衍射角

3. 改性材料的扫描电镜

对改性前后的沸石和硅藻土进行了扫描电镜（scanning electron microscope，

SEM）表征，结果如图 4-13 和图 4-14 所示。由图 4-13 可知，沸石在酸处理前，表面光滑，为明显的块状；经酸处理后，沸石表面坚硬的外壳被破坏，表面变得十分粗糙；再经过 LaCl$_3$ 溶液的改性，表面看起来粗糙松散，这可能是 LaCl$_3$ 溶液黏附在沸石表面，构成了一层薄薄的膜，导致其表面看起来松散粗糙。

  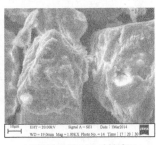

(a) 沸石（×1000）　　　　　(b) 酸处理沸石（×1000）　　　　(c) 酸处理后LaCl$_3$改性沸石

图 4-13　沸石与改性沸石扫描电镜图片

由图 4-14 可知，未经处理的硅藻原土表面光滑，颗粒完整。而经过酸浸泡处理后的硅藻土，颗粒变得破碎，表面变得粗糙，且破碎的颗粒与完整的颗粒黏附在一起。这可能是酸处理时的搅拌加热煮沸，使硅藻土颗粒发生破损。再经过 LaCl$_3$ 溶液的改性，硅藻土的表面形貌变化不大，说明 LaCl$_3$ 的改性并没有对硅藻土的表面造成影响，只是简单地和硅藻土黏附混合在一起。

  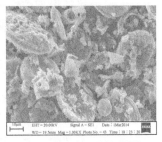

(a) 硅藻土（×1000）　　　　(b) 酸处理硅藻土（×1000）　　　(c) 酸处理后LaCl$_3$改性硅藻土

图 4-14　硅藻土与改性硅藻土扫描电镜图片

4.2.2　絮凝剂与改性材料协同除藻

1. PAC 与改性材料协同除藻

图 4-15 显示了 PAC（投加量为 5mg/L）分别与改性硅藻土和改性沸石协同对

除藻及浊度的影响。当与 PAC 协同时，随着改性材料投加量的增加，藻细胞去除率升高，剩余浊度降低，且同一投加量下改性硅藻土对藻细胞和浊度的去除率要高于改性沸石。当两种改性材料的投加量均为 3g/L 时，改性硅藻土对藻细胞的去除率为 97%，溶液剩余浊度为 0.3NTU，而改性沸石对藻细胞的去除率为 95%，溶液剩余浊度为 0.9NTU。相对于单独投加改性材料，与 PAC 协同的改性硅藻土对藻细胞的去除率增加了 22%，浊度降低了 11NTU；与 PAC 协同的改性沸石对藻细胞的去除率增加了 75%左右，浊度降低了 72.6NTU。

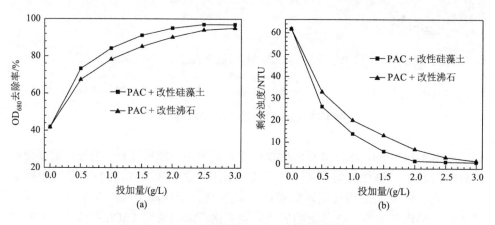

图 4-15　PAC 和改性材料协同对除藻及浊度的影响

　　无论是单独投加改性材料还是与 PAC 协同投加，在同一投加量下，改性硅藻土对铜锈微囊藻的去除效果均要高于改性沸石[93]。

2. 壳聚糖和改性材料协同除藻

　　图 4-16 为壳聚糖（投加量为 0.5mg/L）与改性材料协同对除藻效果以及浊度的影响，从图 4-16 可以看出，当与壳聚糖协同时，随着改性材料投加量的增加，藻细胞去除率升高，剩余浊度降低，且同一投加量下改性硅藻土的去除率要高于改性沸石。当改性硅藻土和改性沸石的投加量均为 3g/L 时，改性硅藻土对藻细胞的去除率为 98%，剩余浊度为 0.3NTU，而改性沸石对藻细胞的去除率为 93.1%，剩余浊度为 3.2NTU。相对于单独投加改性材料，与壳聚糖协同的改性硅藻土对藻细胞的去除率提高了 23%，浊度降低了 11NTU；与壳聚糖协同的改性沸石对藻细胞的去除率提高了 72%左右，浊度降低了 70.3NTU。

　　无论是单独投加改性材料还是与壳聚糖协同投加，在同一投加量下，改性硅藻土对铜锈微囊藻的去除效果均要高于改性沸石。

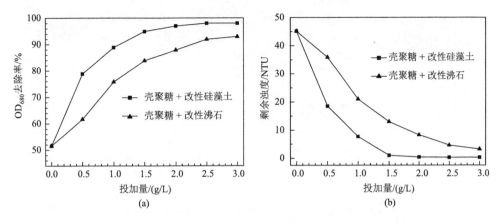

图 4-16　壳聚糖和改性矿物材料协同对除藻效果及浊度的影响

4.2.3　絮凝剂与改性材料协同去除氮、磷

1. PAC 和改性材料协同去除氮、磷

图 4-17（a）为 PAC（投加量为 5mg/L）与改性硅藻土和改性沸石协同对藻类水体中 TN、TP 去除效果的影响。从图 4-17（a）可以看出，随着改性材料投加量的增加，改性硅藻土和改性沸石对 TN 的去除率略微有所提高，且改性沸石与 PAC 协同对 TN 的去除率高于改性硅藻土与 PAC 的协同效果。相对于单独投加改性材料，PAC 与改性硅藻土和改性沸石的协同均没有大程度提高它们对 TN 的去除效率。

PAC 与两种改性材料的协同对 TP 有较好的去除效果，且改性硅藻土与 PAC 协同对 TP 的去除效果要远高于改性沸石与 PAC 的协同效果。当 PAC 为 5mg/L，改性硅藻土和改性沸石投加量为 3g/L 时，改性硅藻土对 TP 的去除率为 88.7%，改性沸石对 TP 的去除率为 64.2%。相对于单独投加改性硅藻土和改性沸石，在投加量为 3g/L 时，与 PAC 协同的改性硅藻土对 TP 的去除率提高了 11.1%左右，与 PAC 协同的改性沸石对 TP 的去除率提高了 24%左右。

2. 壳聚糖和改性材料协同对氮、磷的去除效果

图 4-17（b）为壳聚糖（投加量为 0.5mg/L）分别与改性硅藻土和改性沸石协同对藻类水体中 TN、TP 的去除效果的影响。从图 4-17（b）可以看出，随着两种改性材料投加量的增加，改性硅藻土和改性沸石对 TN 的去除率略有提高，且改性沸石与壳聚糖协同对 TN 的去除率高于改性硅藻土与壳聚糖协同。相对于单独投加改性材料，壳聚糖与改性硅藻土和改性沸石的协同对 TN 的去除效率均没有较大的影响。

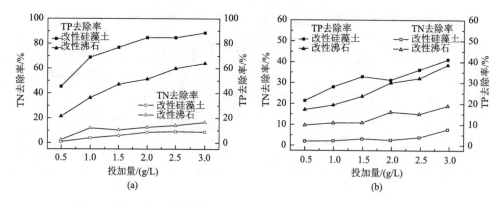

图 4-17　PAC 和改性材料协同及壳聚糖和改性材料协同去除 TN 与 TP

　　壳聚糖分别与两种改性材料的协同对 TP 有一定的去除效果，且改性硅藻土与壳聚糖协同对 TP 的去除效果要高于改性沸石与壳聚糖协同。当壳聚糖为 0.5mg/L、改性材料投加量为 3g/L 时，其对 TP 的去除率为 41.2%，改性沸石对 TP 的去除率为 38.5%。相对于单独投加改性材料，在投加量为 3mg/L 时，与壳聚糖协同的改性硅藻土对 TP 的去除率降低了 36%左右，与壳聚糖协同的改性沸石对 TP 的去除率降低了 2.5%左右。可见，壳聚糖的增加降低了改性材料对 TP 的去除效果，可能是壳聚糖黏附包裹在改性材料表面，阻隔了改性材料与水体的充分接触，从而导致改性材料对水体中磷的吸附减少，使 TP 的去除率有所降低。

4.2.4　絮凝剂与改性材料协同对有机物的去除

1. PAC 和改性材料协同去除 DOM

　　图 4-18 为 5mg/L 的 PAC 分别与不同量的改性沸石和改性硅藻土协同对铜锈微囊藻上清液中 DOM 影响的 EEM。从图 4-18 可以看出，当 PAC 与这两种改性材料协同时，只出现类酪氨酸峰。对于改性沸石与 PAC 协同，并没有随着改性沸石投加量的增加，导致类酪氨酸峰的荧光强度有所减弱，PAC 的协同可能影响了改性沸石对类酪氨酸的去除。

　　同样，对于改性硅藻土与 PAC 协同，随着改性硅藻土投加量的增加，类酪氨酸峰也没有较大的减弱，PAC 的协同同样影响了改性硅藻土对类酪氨酸的去除效果。

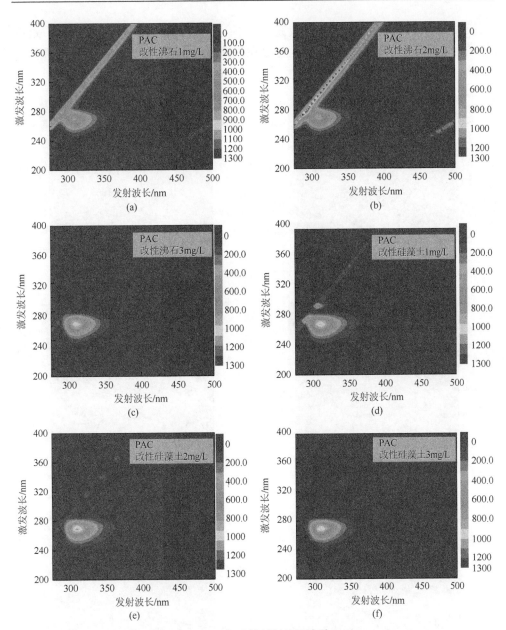

图 4-18　PAC 与改性材料协同去除 DOM

2. 壳聚糖和改性材料协同去除 DOM

图 4-19 为 0.5mg/L 的壳聚糖分别与不同量的改性沸石和改性硅藻土协同对铜锈微囊藻上清液中有机质影响的 EEM。从图 4-19 可以看出，当壳聚糖与这两种改性材料协同时，均出现类酪氨酸峰。对于改性沸石与壳聚糖协同，随着改性沸

石投加量的增加,类酪氨酸峰的荧光强度不但没有减弱,反而有微小增强。这可能是由于壳聚糖的协同使得壳聚糖包裹在改性沸石表面,从而影响了改性沸石对类酪氨酸的去除。

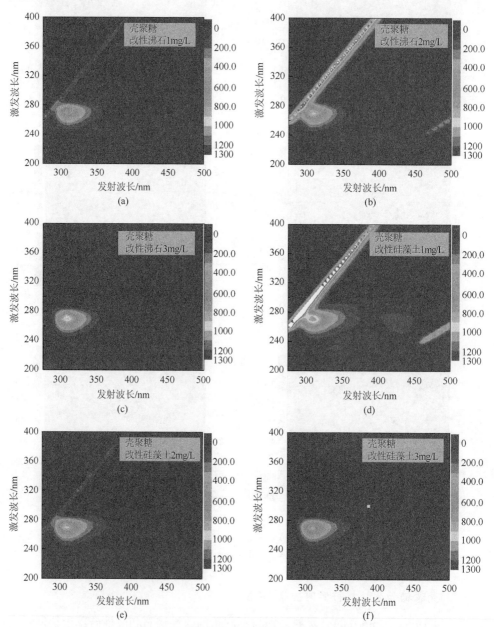

图 4-19　壳聚糖与改性材料协同去除 DOM

对于改性硅藻土与壳聚糖协同,随着改性硅藻土投加量的增加,类酪氨酸峰的荧光强度有微小减弱。这可能是由于改性硅藻土颗粒比较细小，壳聚糖无法完全包裹住改性硅藻土颗粒，从而改性硅藻土与壳聚糖的协同对类酪氨酸有微弱的去除效果。

4.2.5　絮凝剂与改性材料协同的沉淀物特征

图 4-20 为絮凝剂与改性材料协同沉降物的显微镜图像。由图 4-20 可知，PAC 与两种改性材料协同时，微囊藻细胞在改性材料表面比较松散地黏附，藻细胞之间有一定的间隙。而壳聚糖与两种改性材料协同时，大量藻细胞被壳聚糖包裹网捕在一起，并和改性材料共同黏结在一起而沉降，这可能会使已经沉降的藻细胞不再容易逃逸回水体中，沉降物的沉降效果也会更好，不易因为外界的波动而重新悬浮起来。

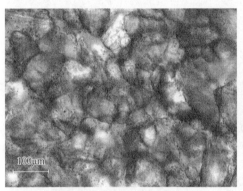

(a) PAC + 改性沸石沉降物200×

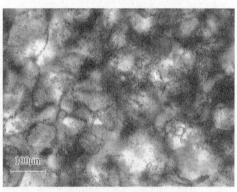

(b) 壳聚糖 + 改性沸石沉降物200×

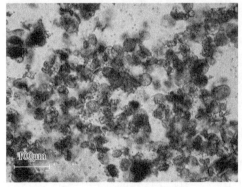

(c) PAC + 改性硅藻土沉降物200×

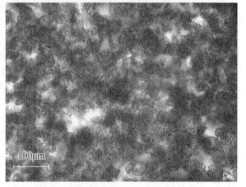

(d) 壳聚糖 + 改性硅藻土沉降物200×

图 4-20　絮凝剂与改性材料协同沉降物的显微镜图像

4.2.6　再悬浮控制实验

传统材料在除藻沉降后，遇到干扰时会产生再悬浮现象。为研究不同材料的抗再悬浮能力，设计再悬浮控制实验，具体实验步骤见第 2 章。实验结束后，在上清液液面下 1cm 处取样并分析浊度，以评价再悬浮控制效果。不同絮凝剂、不同改性材料以及它们之间协同再悬浮控制效果如图4-21所示。在临界搅拌强度下，投加不同材料的烧杯开始出现再悬浮现象。只投加絮凝剂仅仅能抵抗较低的搅拌强度，在 20r/min 时，絮凝剂形成的絮体开始再悬浮。对于改性的硅藻土和改性沸石，其在 40r/min 时开始再悬浮，且改性硅藻土比改性沸石悬浮得更为严重。对于与 PAC 协同的改性材料来说，改性硅藻土在 60r/min 时就开始再悬浮，而改性沸石在 80r/min 时才开始再悬浮。壳聚糖与改性材料协同抵抗再悬浮的能力最强，改性硅藻土和改性沸石均在 100r/min 时才开始再悬浮。

在最大搅拌强度 120r/min 下搅拌 5min，整个沉降物全都再悬浮起来，使水体变得十分浑浊，但仍然可以看出，投加的壳聚糖与改性材料的烧杯中悬浮物为颗粒状，其可能更易于后续再沉降。

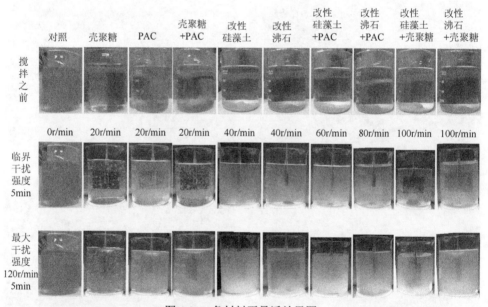

图 4-21　各材料再悬浮效果图

在最大搅拌强度 120r/min 下搅拌 5min，整个沉降物全都再悬浮起来，使水体变得十分浑浊，但仍然可以看出投加的壳聚糖与改性材料的烧杯中悬浮物为颗粒状，其可能更易于后续再沉降。

4.3　河岸带水生植物净水技术研究

4.3.1　水生植物生长状况

反应器于 2013 年 7 月 22 日栽种植物，开始运行。一周后，水生植物生长稳定，开始采样检测理化指标。图 4-22 为 2013 年 7 月 28 日反应器中植物生长情况，挺水植物中香蒲长势好于芦苇，浮叶植物中水葫芦长势好于大漂，并且水葫芦开花，沉水植物黑藻和狐尾藻长势好。3#（香蒲＋水葫芦＋黑藻）与 4#（香蒲＋水葫芦＋狐尾藻）植物长势最好，其次是 7#和 8#（芦苇＋香蒲＋大漂＋水葫芦＋狐尾藻＋黑藻）长势较好，长势较差的是 6#（芦苇＋大漂＋狐尾藻）。

(a) 1#：香蒲＋大漂＋黑藻

(b) 2#：芦苇＋水葫芦＋黑藻

(c) 3#：香蒲＋水葫芦＋黑藻

(d) 4#：香蒲＋水葫芦＋狐尾藻

(e) 5#：芦苇＋水葫芦＋狐尾藻

(f) 6#：芦苇＋大漂＋狐尾藻

(g) 7#：芦苇＋香蒲＋大漂＋水葫芦＋狐尾藻＋黑藻　　(h) 8#：芦苇＋香蒲＋大漂＋水葫芦＋狐尾藻＋黑藻

图 4-22　7 月反应器水生植物长势情况

　　图 4-23 为 2013 年 8 月 25 日反应器中植物生长情况，大漂出现枯黄现象（1#、6#和 7#），而 1#反应器中的大漂长势相对好一些；2#反应器中芦苇的长势好于 5#和 6#反应器，而 7#和 8#反应器中的芦苇几乎全部枯萎；水葫芦 2～5#和 8#长势好，而在 7#长势差；6#和 7#中狐尾藻长势差，黑藻长势优于狐尾藻。

(a) 1#：香蒲＋大漂＋黑藻　　　　　　　　　　(b) 2#：芦苇＋水葫芦＋黑藻

(c) 3#：香蒲＋水葫芦＋黑藻　　　　　　　　　　(d) 4#：香蒲＋水葫芦＋狐尾藻

(e) 5#：芦苇＋水葫芦＋狐尾藻

(f) 6#：芦苇＋大漂＋狐尾藻

(g) 7#：芦苇＋香蒲＋大漂＋水葫芦＋狐尾藻＋黑藻

(h) 8#：芦苇＋香蒲＋大漂＋水葫芦＋狐尾藻＋黑藻

图 4-23　8 月反应器水生植物长势情况

4.3.2　水质变化特征

从 2013 年 7 月 19 日起，每周采一次样品。8 月 10 日加入营养盐（V 类）进行冲击。8 个反应器中 Chla 的变化明显分为两组：第 1 组为 1～3#和 5#，第 2 组为 4#和 6～8#。在第 1 组中，前三周的 Chla 浓度较低，由于在 8 月 10 日添加营养盐，从第 4 周开始叶绿素升高，随后相对稳定，表明这 4 个反应器中的水生植物生长良好，没有发生富营养化现象。第 2 组中，前 3 周的变化与第 1 组类似（除了 8#），但是第 6～8 周 Chla 浓度快速升高，达到 18mg/m^3（4# 达到 25mg/m^3），表明该组反应器出现了水体富营养化现象（图 4-24）。6～8#反应器中的大漂出现枯黄现象，尽管 4#反应器中的水葫芦长势良好，但香蒲出现枯叶现象。

NH$_3$-N 的变化出现了两个阶段，在添加营养物之前，NH$_3$-N 的浓度为 0.3mg/L；添加营养盐后，NH$_3$-N 的浓度逐渐升高到 1.4mg/L 以上。反应器分为两组：第 1 组为 1～3#、5#和 8#，第 2 组为 4#、6#和 7#。在第 1 组中，加入营养盐后 NH$_3$-N 浓度为 1.4mg/L，相对稳定；在第 2 组中，加入营养盐后 NH$_3$-N 浓度达到 2.0mg/L 以上，第 2 组出现明显的水体富营养化现象。TP 的变化与 NH$_3$-N 的变化相似，而 DOC 相对稳定。

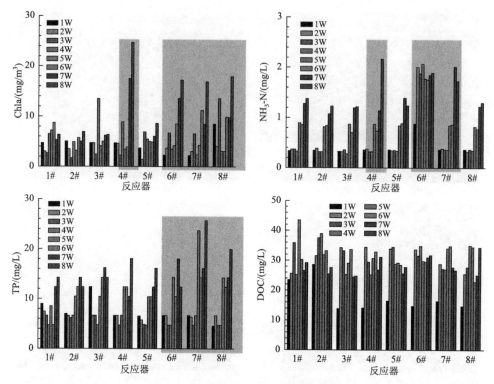

图 4-24　水质变化情况（彩图附书后）

1W 表示第一周，其余类推

　　TP 呈现两个变化阶段：添加营养物之前，TP 的浓度为 0.08mg/L；添加营养盐后，TP 的浓度逐渐升高至 0.14mg/L 以上。反应器分为两组：第 1 组为 1～5#，第 2 组为 6～8#。TOC 第 1 周浓度较低，随后逐渐升高，并趋于稳定。

　　此外，反应器 5#出现小鱼，形成相对稳定的水生态系统（图 4-25）。

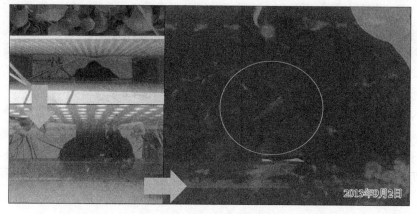

图 4-25　良好的水生态系统

4.3.3 DOM 组成特征

1. DOM 荧光光谱特征

在 DOM 的 EEM 图上明显地出现 5 个荧光尖峰，其中，峰 B1 与 B2 为类酪氨酸荧光（tyrosine-like，Ex/Em 210～230nm，260～280nm/280～310nm），峰 T 为类色氨酸荧光（tryptophan-like，Ex/Em 210～220nm/320～360nm），峰 A 为紫外区类富里酸荧光（UV fulvic-like，Ex/Em 240～260nm/400～440nm），峰 C 为可见光区类富里酸荧光（visible fulvic-like，Ex/Em 280～310nm/ 400～440nm）（图 4-26）。

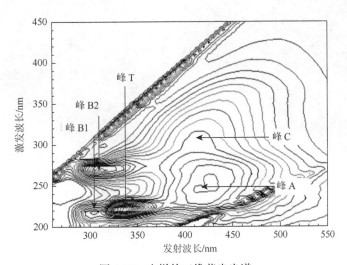

图 4-26 水样的三维荧光光谱

2. DOM 的 PARAFAC 分析

利用平行因子法处理 64 个荧光光谱数据，得到 4 个组分（图 4-27）。组分 I 为酪氨酸物质（C1），组分 II 为色氨酸物质（C2），组分 III 为富里酸物质（C3），组分 IV 为胡敏酸物质（C4）。

3. DOM 丰度特征

图 4-28 为各反应器不同日期总荧光强度特征，即可以表征 DOM 中产生荧光有机质的丰度。对于每个反应器，大体上总荧光丰度随时间而增大，而 8 月 2 日的总荧光丰度相对最大（除了 5#、6#、8#），这可能是底泥释放引起的。8 月 10 日加入营养盐，使得总荧光丰度增大。

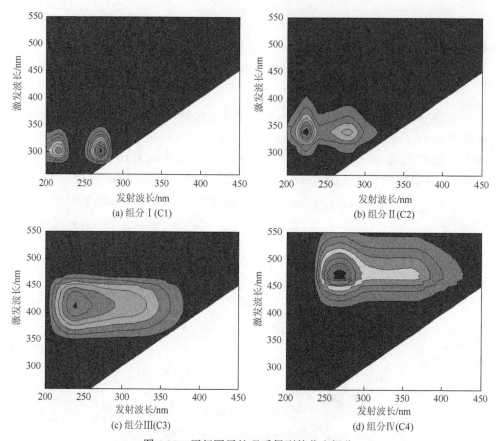

(a) 组分 I (C1)　　　　　　　　　　(b) 组分 II (C2)

(c) 组分Ⅲ(C3)　　　　　　　　　　(d) 组分Ⅳ(C4)

图 4-27　平行因子处理后得到的荧光组分

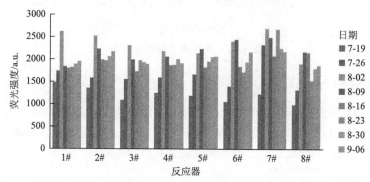

图 4-28　各反应器不同日期总荧光强度特征（彩图附书后）

　　在反应器 1#中，C1 的丰度最大，其次为 C2～C4；8 月 2 日，C1 的丰度最大，而 C2～C4 丰度变化较小；总体各组分相对稳定，表明 1#生态系统相对稳定。在 2#中，C1 的丰度最大，总体趋势为随时间推移而降低；C2 丰度随时间推移而稍有增加，表明微生物活性略有增大；C3 的丰度随时间推移而增大，在 8 月 16 日后相对稳定；

C4 的变化趋势与 C3 类似，表明酪氨酸被微生物降解，缩合形成相对稳定的富里酸和胡敏酸物质，进而说明 2#生态系统稳定。3～5#各组分的变化与 1#、2#相似，这三个水生态系统相对稳定。在 6#和 8#中，C1 的丰度最大，但是 8 月 30 日和 9 月 6 日的丰度明显高于 7 月 19 日与 7 月 26 日，表明这两个生态系统没有达到稳定状态。在 7#中，8 月 23 日后，类色氨酸的丰度明显高于其他三个组分，表明微生物活性强，分解有机质旺盛，水体发生富营养化现象（图 4-29）。

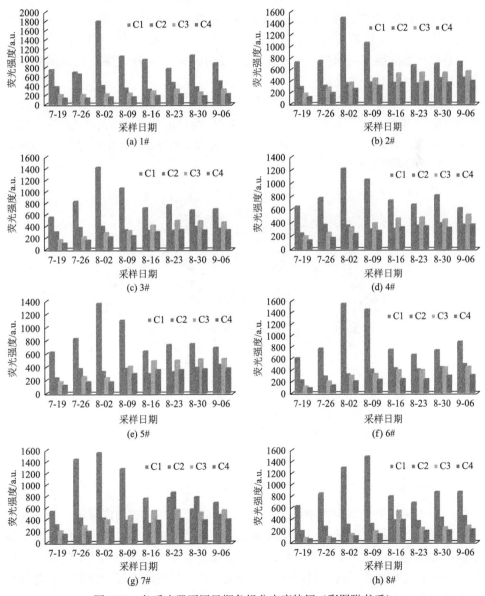

图 4-29　各反应器不同日期各组分丰度特征（彩图附书后）

4.4　白塔堡河水质水量联合调度方案研究

4.4.1　浑南水系

浑南区位于沈阳市南部,面积 803km²,常住人口 78 万,是沈阳市的行政中心、全国首批国家级高新区、沈大国家自主创新示范区沈阳片区的核心区、中国(辽宁)自贸试验区的重要承载区。浑南区与母城隔河相依,环抱母城南部,与母城交映生辉。浑南区前身为沈阳高新技术产业开发区,始建于 1988 年 5 月,是国务院首批批准的国家高新技术产业开发区。2010 年,沈阳东陵区、浑南新区、航高基地"三区"合署办公。

承接"十二运"主会场,开展浑南新城水系规划与施工建设,以白塔堡河、沈抚运河为骨架,构建"1231"生态工程,"1"是指一个绿环,"2"是指两河景观带,"3"是指三大主题公园,"1"指一张网,旨在将大浑南水系建设成适宜居民休闲、娱乐、观光的绿脉和廊道(图 4-30)。

图 4-30　沈阳市浑南区水系图

1. 一个绿环

一个绿环指由白塔河路绿地、沈丹高速公路绿地、航天南路绿地、哈大客运专线铁路绿地构成,绿化面积为 304.4hm²。主要属于城市道路河道绿地,兼有城市防护绿地功能。绿环把浑南区环绕其中,可充分发挥城市绿地调节气候、保持生态平衡、增加城市景观等多项功能,协调城市发展与生态环境保护,具有战略意义和深远影响。

沈丹高速绿地、航天南路绿地属于高速路两侧绿地，遵循"因地制宜、因路制宜、景观协调；按照乔灌、花、草结合易于养护"的原则，力求为用路人提供高效和谐的交通环境，从而提高高速公路的生态效益和景观效果。植物景观建设不仅能改善高速公路的生态环境，在降温、增加空气湿度、改善环境、消除噪声、净化空气等方面发挥作用，而且能改变地形地貌，还可以美化视觉景观，使僵硬的道路景观富有生机。为了衬托高速公路的宏伟气魄，同时适应用路人瞬间观景的视觉要求，采用大色块设计，不仅整体效果鲜明，景观开阔、简洁，而且成片成林地种植同种植物也会给植物群创造良好的生长环境。同时，着重提高植物成活率，针阔乔灌混交。在构图选择上保证沿线绿地统一协调，做到统一中有变化，提高道路景观整体绿化效果。

哈大客运专线铁路绿地属铁路防护绿地，绿化带具有足够的宽度。其以栽植不同季相的花灌木和常绿树为主，在防尘隔音的同时，可美化城市环境、丰富城市景观，在铁路两侧形成观赏性带状景观。

白塔河路绿地与白塔河滨河绿化相结合，既包括白塔河路道路绿化又兼顾白塔河公园。拟将其打造为生态景观廊道，使其具有保护生物多样性、过滤污染物、防止水土流失、防风固沙、调控洪水等多种功能。其辐射面积可涵盖浑南区北部大部分地区，发挥极其重要的景观效益与生态效益。设计中提高了道路绿化的含绿量，多栽植大型乔木、花灌木，适当增加常绿植物的比例，优选吸尘、杀菌、减噪的植物，保持生态环境的良性循环。

2. 两河景观带

1）沈抚运河水系景观带

将运河景观带划分为四个景区——生态保护区、居住生活区、商业设施区和南部滨湖公园，总面积为 $106hm^2$（图 4-31）。

生态保护区在设计中考虑该区的地形及功能要求，利用蜿蜒曲折的水体布置园路及生态保护设施。采用自然护岸与生态护岸结合的方式来创造生物栖息的生态环境，形成自然生态的景观区域。生态保护优先，在保护环境的前提下扩大游憩内容，最终达到景观河道的生态可持续发展，体现人与自然和谐的设计理念。

居住生活区位于中心河岸西侧，依托滨水区域优美的环境特点，打造高档生活社区，满足市民对更高生活质量的追求，成为促进城市发展新的契机。重点规划水、路绿化景观节点，驳岸形式以规则的直驳岸为主，着重设计夜间亮化效果，形成现代化都市滨水景观带。设计开放式滨水游园、精品街头绿地与标志性城市广场，共同组成展示城市形象和综合服务功能完善的绿化功能组团。

商业设施区作为城市未来发展的核心区，以展现城市窗口形象，激发城市发展潜力为主旨，复合城市空间形态，提升滨水空间意向，突显时尚文化底蕴，形成个

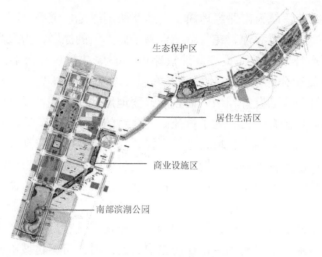

图 4-31　沈抚运河水系景观

性的城市风貌带，带动科技、经济、文化的快速发展。通过水系绿化提升城市形象，创造可持续发展城市商业设施与滨水开放空间，体现具有特色的滨水城市形象。

南部滨湖公园利用已有的大范围水面，形成以湖面为中心的城市公园。西部与城市中心区毗邻，方便市民使用，使公园成为人们参与水上运动，近距离体验山水景观的都市绿色空间。此外，公园与水系整体绿化带连为一体，有机地过渡城市休闲空间与开放空间，实现人类与河流、湖泊的和谐共处，创造出城市亲近自然、自然融入城市的现代化城市环境体系。

2）白塔堡河水系景观带

白塔堡河水系景观带总面积为 $30hm^2$，以自然型岸线为主，沿岸设置晨练小广场、社区游船码头小型亲水平台等活动设施，塑造人与自然、人与水和谐共生的生态系统。在人群使用强度最大的位置强化景观效果，激发人们观水、亲水、触水等游憩行为，也为市民的亲水行为提供安全保障，打造城市防洪安全通道（图 4-32）。

(a)　　　　　　　　　　　　　　　(b)

图 4-32　白塔堡河水系景观规划图和效果图

整个区域内的广场掩映于乔木林带之下，绿树成荫。设有多个自然的林下广场，配置一定的园林小品，结合植物绿化，营造出"自然群落意趣浓、野花遍地分外香"的氛围，为城市滨河开放空间区增添更为丰富的自然感受。综合考虑"游憩、景观、生态"三个元素，使其游憩开发与景观规划设计有机地结合起来。

3. 三大主题公园

中央公园位于全运村附近，占地面积为 183 万 m²，是辽宁最大的欧式公园，分为东、西、南、北、中五大区，包括城市中央公园、市民广场、水景公园、雕塑公园等。运河贯穿南北，最宽处为 53m，最窄处为 10m，深约为 1.5m。北、中、南区全长为 4.6km，基本宽度为 300m，占地面积约为 118.6 万 m²，是以全运会运行中心为核心的新城最重要的主轴线 [图 4-33 (a)]。

(a) 中央公园

(b) 莫子山体育公园

(c) 白塔公园

图 4-33　浑南水系主题公园

莫子山体育公园占地面积为 52.5hm², 其中水面面积为 2.2 万 m², 公园水系引自沈抚运河, 流经北山、中山、南山, 整个水系有跌水、瀑布、湖面等丰富多样、精彩纷呈的水景景观, 从山上流淌下的水因巨石落差而形成一个个瀑布。公园共划为山地健身区、体育运动休闲养生区、生态水系游览区、广场休闲景观区四个分区 [图 4-33 (b)]。

白塔公园占地面积为 32.5hm², 绿地面积为 20 万 m², 铺装面积为 7.5 万 m², 水面面积为 5 万 m², 绿地率为 62%。园区地势北高南低, 天然水系白塔河顺势流经此处。园区主要设有四大景观区: 北部密林景观区、折线河道景观区、桃花谷景观区、白塔寺庙景观区。建于明代永乐年间的白塔深居其中, 将古典建筑的俊美与现代城市景观完美融合在一起, 平添了公园的历史感和厚重感 [图 4-33 (c)]。

4. 一张网

一张网指浑南区道路绿化网, 总长为 142km。道路绿化网总面积为 449.7hm²。道路绿化能够提高交通效率和安全性, 明显缓解热辐射、交通噪声和尾气污染。随着城市机动车辆的增加, 交通污染日趋严重, 利用道路绿化改善道路环境已成当务之急。道路绿化也是城市景观风貌的重要体现, 对丰富城市景观起着重要的作用 (图 4-32)。

4.4.2 微宇宙试验系统模拟

基于 4.1 节微宇宙模型模拟北方城市支流白塔堡河无外源污染输入下的污染过程, 水体置换主要分为两个阶段: 第一阶段为《地表水环境质量标准》(GB 3838—2002) V 类水体重度污染阶段, 用以模拟春季白塔堡河的污染状态; 第二阶段为地表水 III 类水体水质稳定化阶段, 用以模拟采用浑河调水方案后白塔堡河的水质变化状况。

1. 白塔堡河丰枯水期水质对比

由于白塔堡河较浅, 采样点均接近于河水表层。由图 4-34 可知, 根据 COD 和 NH_3-N 的监测数据, 除个别采样点外, 白塔堡河春季表层河水的污染程度均大于夏季, 本节主要研究白塔堡河春季河水的微宇宙模拟。

2. 第一阶段水质模拟对比

春季白塔堡河污染最为严重的区段为自施家寨至入河口段, 故取施家寨及其上下游相邻的两个采样点, 用以与微宇宙模拟水体 1~3# 进行水质比较。

由表 4-2 可知, 微宇宙模拟的水体污染程度较白塔堡河实际水质监测结果要更加严重, 因此利用微宇宙模拟白塔堡河经调水后水质稳定的时长, 对白塔堡河实际调水具有较大的理论指导意义。

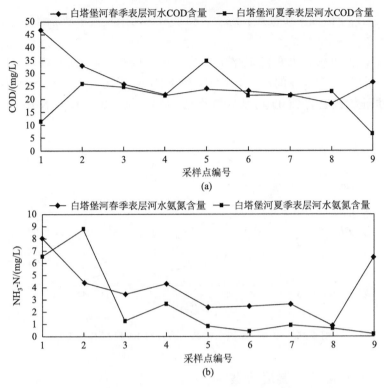

图 4-34 白塔堡河 COD 和 NH₃-N 在丰水期和枯水期对比

表 4-2 第一阶段微宇宙模拟水质指标和白塔堡河枯水期水质指标

采样点编号	COD/(mg/L)	NH₃-N/(mg/L)	芳香蛋白类物质Ⅰ/a.u.	芳香蛋白类物质Ⅱ/a.u.	富里酸类物质/a.u.	溶解性微生物代谢产物/a.u.	腐殖酸类物质/a.u.
营城子	23.90	2.34	4.01	17.20	7.28	7.84	4.44
施家寨	23.10	2.46	4.38	18.85	13.30	8.99	9.74
永安桥	21.60	2.63	3.74	14.96	5.58	5.37	3.21
1#	78.00	1.83	162.44	284.86	175.52	274.02	69.69
2#	81.33	0.56	324.66	529.72	284.92	466.86	152.33
3#	81.33	0.57	174.49	351.58	247.28	285.46	131.28

3. 第二阶段水质模拟对比

实验第二阶段：4～15#水样模拟用水水质指标为地表水Ⅲ类水体水质指标：COD 为 20mg/L，TP 为 0.2mg/L，TN 为 1.0mg/L。从水质沿程变化分析，浑河沈阳段上游水质较好，部分指标满足地表水Ⅰ类和Ⅱ类水质标准要求，下游水质略差。"十一五"期间，浑河沈阳段上游水质优于下游，浑河入境东陵大桥断面水质最好，七台子断面水质最差。综上，拟调取浑河东陵大桥断面水体进入白塔堡河进行治理。

由图 4-35 可知，水质稳定化主要分为两个阶段，4～7#水样，水质变化剧烈，这是由于Ⅲ类水体的冲击，COD 和 NH$_3$-N 变化较大，从 8#水样开始，水体水质开始改善，COD 与水体置换前相比变化不大，NH$_3$-N 降至 0.5mg/L 以下。

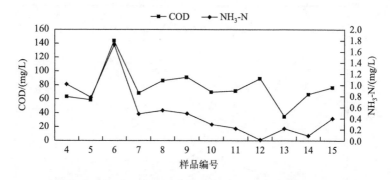

图 4-35 微宇宙模拟水体第二阶段 COD 和 NH$_3$-N 特征

4.4.3 水质水量联合调度方案

1. 调水线路设计

在白塔堡河上游和下游分界点——施家寨实施河流改道工程（图 4-36），把上游的水引入桃仙河。为防止引入白塔堡河上游的河水污染桃仙河，在施家寨建设湿地工程。河水经过湿地净化后进入桃仙河。对于白塔堡河下游水量补充方案：一是从沈抚灌渠进行调水，二是从浑河调水。沈抚灌渠和浑河水水质为Ⅳ类水体，水质优于白塔堡河水质。

2. 调水水量方案

白塔堡河枯水期日径流量为 $2.07 \times 10^4 m^3$，丰水期日径流量为 $9.01 \times 10^4 m^3$，平水期日径流量为 $6.92 \times 10^4 m^3$。考虑调水过程中的下渗、蒸发、吸收等损失，在枯水期调水约 $1.0 m^3/s$，在丰水期调水约 $3.0 m^3/s$，平水期调水约 $2.0 m^3/s$。以上不同水期调水流量参考河流水体置换时间枯水期为 3d、丰水期为 0.5～1.0d、平水期为 2d 而设定。

3. 调水预警

调入水体水质为地表水Ⅳ类，COD 为 30mg/L，NH$_3$-N 为 1.5mg/L，TP 为 0.3mg/L（表 4-3）。

图 4-36　白塔堡河调水方案

①河流改道位置；②上游河水调入桃仙河；③沈抚灌渠水调入白塔堡河；④浑河河水调入白塔堡河

表 4-3　地表水环境质量标准基本项目标准限值　　（单位：mg/L）

序号	项目		I 类	II 类	III 类	IV 类	V 类
1	水温/℃		\multicolumn{5}{c}{人为造成的环境水温变化应限制在：周平均最大温升≤1　周平均最大温降≤2}				
2	pH（无量纲）		\multicolumn{5}{c}{6～9}				
3	溶解氧	≥	饱和率 90%（或 7.5）	6	5	3	2
4	高锰酸盐指数	≤	2	4	6	10	15
5	化学需氧量（COD）	≤	15	15	20	30	40
6	五日生化需氧量（BOD$_5$）	≤	3	3	4	6	10
7	氨氮（NH$_3$-N）	≤	0.15	0.5	1.0	1.5	2.0
8	总磷（以 P 计）	≤	0.02（湖、库 0.01）	0.1（湖、库 0.025）	0.2（湖、库 0.05）	0.3（湖、库 0.1）	0.4（湖、库 0.2）
9	总氮（湖、库，以 N 计）	≤	0.2	0.5	1.0	1.5	2.0

在理工大、世纪湖、塔北和胜利街四个点设置监测点。枯水期检测间隔为 7d（周），平水期为 4d 检测一次。连续 3～4 次检测水体水质 COD 在 30～40mg/L 和 NH$_3$-N 在 1.5～2.0mg/L 时，进行调水。在丰水期（7～10 月）每 2d 检测一次，在连续三次检测 NH$_3$-N＞1.5mg/L 和 COD＞30mg/L 时，可进行调水。尤其注意水体叶绿素的变化，如果在监测点的水流缓慢区域出现水华现象，马上进行调水。建议增加检测叶绿素指标，指标换算公式如下：

$$TSI(Chla) = 9.81 \times \ln(CHL) + 30.6 \tag{4-1}$$

式中，Chla 的单位为 mg/m^3；40＜TSI＜50 为中度富营养化，50≤TSI＜60 为富营养化，TSI≥60 为重度富营养化。

4.5　白塔堡河水环境修复技术小结

在景观水体富营养化过程中，各化学指标能一致反映富营养化程度，而 TP 是富营养化进程的限制性因子；随着富营养化的进行，大量有机污染物被分解，各区域的 $\Phi_{i,n}$ 都有较大的降幅；色氨酸与 TN、TP 的相关性较为显著，即随色氨酸浓度降低，水体易发生富营养化；水体水质随酪氨酸浓度升高、富里酸浓度降低，水体易富营养化。

当改性材料与 PAC 协同作用时，随着改性材料投加量的增加，藻细胞去除率提高，剩余浊度降低，且同一投加量下改性硅藻土的去除率要高于改性沸石。相对于单独投加，与 PAC 协同，同一投加量下改性沸石对藻类的去除率要比改性硅藻土提高得快。PAC 与改性材料的协同对 TP 有较好的去除效果，改性硅藻土与 PAC 协同对 TP 的去除效果要远高于改性沸石与 PAC 协同。PAC 与两种改性材料协同时，微囊藻细胞在改性材料表面比较松散地黏附，藻细胞之间有一定的间隙。而壳聚糖与两种改性材料协同时，大量藻细胞被壳聚糖包裹网捕在一起，并和改性材料共同黏结在一起而沉降。

应用微宇宙试验系统模拟城市河流河岸带，以挺水植物、浮叶植物、沉水植物有机组合，构建河岸带水生植物生态系统。大漂出现枯黄现象，香蒲长势优于芦苇，水葫芦长势最好。水体中，DOM 主要有酪氨酸、色氨酸、富里酸和胡敏酸组成，酪氨酸的丰度最大。芦苇-水葫芦-黑藻，香蒲-水葫芦-黑藻，芦苇-水葫芦-狐尾藻三种组合形成的生态系统良好，净水效果突出。

在实验模拟第一阶段，白塔堡河水质污染程度小于微宇宙试验系统水体，在第二阶段，浑河水质好于实验模拟的Ⅲ类水体，因此微宇宙试验系统的水体置换实验可以较好地模拟出从浑河到白塔堡河调水后的水质稳定化过程。把白塔堡河自施家寨一分为二进行分段治理，上游部分使用人工湿地技术，下游部分使用水质水量联合调度技术，可以更好地对白塔堡河水体污染进行治理修复。

第5章 城市水环境系统构建理论、方法及应用

随着城镇化的不断发展和城市规模的不断扩大，对城市水环境系统结构、功能、可持续性等提出了越来越高的要求，尤其是面对全球气候变化的压力和挑战，需要综合安全、资源、生态、景观、文化和经济等方面，开展城市水环境系统理论和方法研究，为建设可持续城市水环境系统奠定基础。本章基于可持续发展、生态优先和区域差异等主要原则，提出城市水环境系统构建的内容。此系统包括自然水环境、经济水环境和社会水环境，其中，自然水环境是基础，高效的经济水环境是中心，健康的社会水环境是本质。将可持续城市水环境系统的构建理论与方法，成功应用于城镇化进程中北方寒冷地区典型城市河流——白塔堡河，提出典型河流城市带、城镇带、农村带"一河三带"理念及其治理修复对策措施。

5.1 城市水环境理论

5.1.1 城镇化对水环境的胁迫效应

随着经济迅速发展、人口急剧增加和城镇规模扩大，城镇环境污染、生态破坏等一系列问题越来越突出，农村生态环境也面临着巨大挑战[94]。大规模基础设施、乡镇企业、房地产开发建设过程中，破坏了地表植被，致使土质疏松、地表裸露、水土流失加剧。另外，随着开发建设，土地下垫面硬化率升高，不透水面积增加，改变了汇流径流条件，非点源污染加剧；随着城镇人口增多，经济社会发展，人类对水资源需求量增加，非点源污染、生活污染、大气污染物和酸雨沉降等污染地表水，从而对水环境产生了各种各样的胁迫效应（图5-1），引起水资源短缺、水质下降、水生态恶化等问题，导致城市水环境功能退化[95]，影响了经济社会发展和城市人居环境。

5.1.2 地理区位

地理区位从空间或地域方面定量地研究自然和经济社会现象。影响区位的地理要素主要包括自然因子、运输因子、集聚因子、劳动力因子、市场因子等

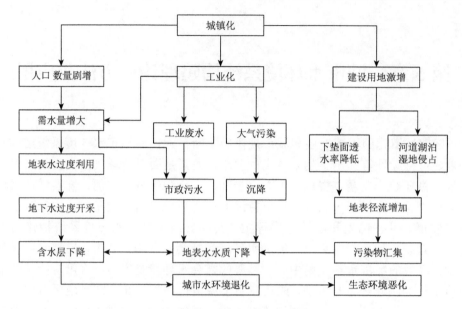

图 5-1　城镇化对城市水环境的胁迫效应

因素[96]。分析地理区位、辨析把握区位特征、识别区位优劣势是制订正确的区域发展规划、完善区域空间结构和组织的必要前提[97]。分析地理区位因子时，应该遵循综合性原则、主导性原则、区域性原则和动态性原则。在推进城镇化进程中，依据地理区位理论和方法，首先，确定城镇要依河或傍湖，保障城市发展所需的水资源，确立城镇的主导产业；其次，构建城市水环境系统，合理进行产业布局，某些行业出现空间转移，新的行业会产生或进入，进而引起城市功能的转型和升级，城市规模也相应扩张；最后，城市水环境系统在交通格局优化、市场潜力扩大和城市功能升级的相互作用和动态调整过程中，趋向于形成更为稳定均衡的生态系统。

5.1.3　城市水循环

城市水循环是对自然界水循环的社会强化，即水在城市取、用、排三个环节及其相关水体（陆地水、大气水、海洋）之间相互转化的过程。城市水循环系统中地表水、地下水、海洋三者之间的相互转化主要由自然界水循环完成（蒸发、蒸腾、径流和渗透），自然界水循环是客观存在、不以人的意志为转移[2]。强化形成的水循环（社会循环）是通过管道、沟渠来实现的，是人类主观意志的体现。经济发展、人口规模及科技水平决定了城市对水的需求量，经济实力决定了污水处理与排放水平，城市环境承载力决定了污水回用的必要性和可行性。因此，人类活动影响城市水的流向以及水质的变化[21]。在城镇化进程中，通过水循环系统全过程调控以及水资源优化配置，改变"开采—利用—排放"粗放水循环的传统模式，转变为"取水—输水—用水—排水—回用"的可持续利用和保护的新模式，提高水资源的利用效率和效益，减少水污染，推动城市水系统良性循环，实现经济社会和水环境的协调发展。

5.1.4　低碳经济

低碳经济是促使经济发展和资源环境承载能力可持续的经济发展共赢机制，强调能源-环境-经济系统中诸要素协调发展，做到经济发展与节能减排相统一、低碳生产与低碳消费并重、区域发展政策与其资源禀赋相适应[98]。实质是提高能源利用效率，构建清洁能源结构体系，核心是能源技术和减排技术的创新、制度的创新和产业结构的调整以及人类生存发展观念的根本性转变，最终要求是实现低碳生活和可持续发展[99]。低碳经济是我国城镇化的必然选择，即低碳城镇化[23]。在推进城镇化进程中，要以低能耗、低污染、低排放、高效率、高产出等特征来进行城镇的规划设计与建设。因此，利用空间低碳化、产业低碳化、出行低碳化、住宅低碳化、动力低碳化、生活低碳化等理念指导城市水环境系统构建，全面建设低碳城市。

5.1.5　景观生态

景观生态学运用地理学的区域空间水平分析方法与生态学的结构功能垂直分析方法，研究景观和区域尺度的资源、环境经营与管理问题[100]。城市景观生态学从景观生态学的角度，研究城市空间格局、生态学过程与尺度之间的相互作用，主要特征：以人为主体的景观生态单元，城市景观的不稳定性、破碎性和梯度性等[6]。景观包括自然景观和人文景观，有景观镶块体（斑块）、廊道、基质三种类型，其中水环境是城市景观生态系统中的主导类型之一。在推进城镇化进程中，引入景观生态学思想和方法，运用景观生态规划的原理，通过研究城市水景观演化过程、异质性维持、生态过程等，构建可持续城市水环境系统，达到经济效益、社会效益与生态效益三者的高度统一，对于提高我国城镇化的质量和可持续发展具有十分重要的现实意义[101]。

5.2　城市水环境构建原则

5.2.1　可持续发展原则

可持续发展是建立在社会、经济、人口、资源、环境相互协调和共同发展基

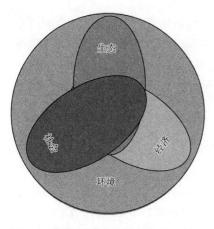

图 5-2　可持续发展与环境关系示意图

础上的一种发展模式，其宗旨是既能相对满足当代人的需求，又不对后代人的发展构成危害[102]。可持续发展包括三方面内容：经济可持续发展、生态可持续发展、社会可持续发展。它提倡在人类发展的进程中讲究经济上的高效性，同时关注生态环境的和谐统一，追求社会公平，最终达到人的全面可持续发展，以促进人类社会的永续进步[103]。可持续发展将环境问题与社会发展、经济发展和资源合理利用有机地结合起来，已经成为有关经济社会发展的全面性战略要求（图 5-2）。可持续发展的本质就是要把经济增长与生态平衡结合起来，在发展中树立生态意识。可持续发展的本质就是要把经济增长与生态平衡结合起来，在发展中树立生态意识[104, 105]。

5.2.2　生态优先原则

可持续发展理论主要涉及经济可持续发展、生态可持续发展、社会可持续发展，其中，生态可持续发展是可持续发展系统的前提，经济可持续发展是可持续发展系统的核心，社会可持续发展是可持续发展的目的[106]。生态优先是在社会经济发展和生态环境建设对资源的需求与竞争过程中，以建设社会主义生态文明社会为目的，提出的一种以扩大的人文关怀和天人合一为核心思想的发展原则或模式。在城镇化过程中，生态优先理念注重城市的生态环境建设和整体可持续发展，其目的是在加速城市现代化生产力发展的同时，调整和完善城市生态环境系统功能，使之为城市的生产和生活提供良好的永续服务。生态优先立方理论模型是一个由 1 个核心、3 个维度、6 个层面支撑的三元体系（图 5-3）[106]，其对城市发展和规划的指导意义可简单地归结为"生态行为、生态文化、生态经济、生态预算、生态效率、生态配置" 24 字方针[107]。应用生态优先原则指导城市水环境系统构建是一种适宜的选择。

5.2.3　区域差异原则

制约城镇化进程的因素主要包括自然、社会、经济、文化、心理等方面，这些因素都具有显著的区域差异[96]。城镇化以自然条件和自然资源作为其发展的自然基础，影响城镇化发展最直接的自然因子包括地域空间、海拔和水资源，其中水资源

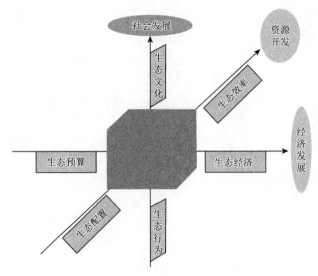

图 5-3　生态优先立方结构图

决定城市水环境系统构建。中国水资源总量丰富，位居世界第六，但是由于人口众多，人均水资源占有量不足世界平均水平的 30%，位列世界第 121 位。我国水资源不但具有总量多、人均量少的特点，而且时空分布差异显著。降水季节和年际变化明显，大部分地区 6～9 月的降水量占全年降水量的 60%～80%，南方地区最大年降水量能达到最小年降水量的 2～4 倍，而北方地区则能达到 3～8 倍，并且我国连续丰水年或者连续枯水年的情况时有发生[103]。因此，推进城镇化进程中，要充分考虑水资源区域差异，统筹区域发展，构建城市水环境系统，建设节水型社会。

5.3　可持续城市水环境系统的构建方法

由于城市水环境系统是支撑城市经济社会系统运行的重要基础设施，城市水环境既具有自然属性，又具有社会特征[108]。城市中水存在形式具有多样性、时空分布差异性和有限性，具有可再生性、经济价值性和生态环境功能性[109]。显然，城市水环境是人工强化了的自然水环境系统，是一个复杂多目标系统，包括自然水环境、社会水环境和经济水环境系统（图 5-4），自然水环境是基础，高效的经济水环境是核心，健康社会水环境是本质[104]。在以水环境生态安全和经济社会发展双赢为目标，处理自然水环境和经济水环境之间供给与需求之间关系的基础上，对水环境进行修复和增容，构建健康的社会水环境系统；遵循水资源管理利用的 5R 原则，即减量化（reduce）、再利用（reuse）、再生使用（recover）、再循环（recycle）、再组织（reorganize）原则，构建高效低碳的城市水经济系统，打造"人水和谐"的可持续城市水环境系统。

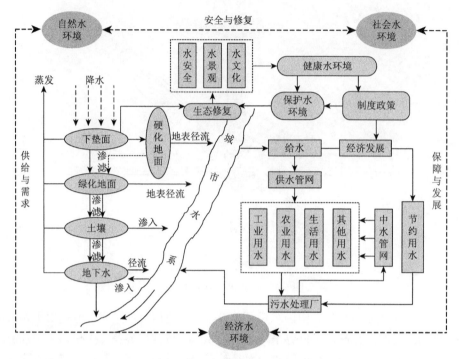

图 5-4　城市水环境系统结构示意图

5.3.1　城市自然水环境系统

　　城市自然水循环包含大气、地表水、地下水三者之间降水、蒸发、蒸腾、地面径流、土壤渗透和补给等过程[110]。自然水循环主要涉及城市水环境的自然因素，通常是相对水环境修复而言的[111]。在城市自然水环境系统中，降水是城市水循环系统最主要的参与者，对水环境恢复作用非常显著。降水以地表径流汇入水网或深入地下，由地面透水性、坡度、土壤质地、降水强度和降水量决定。下渗到土壤中的水分部分被植物根系吸收或通过管吸力被保持在土壤层中，多余水进入地下含水层，补充地下水。在城镇化过程中，随着地面硬化率的增加，不透水地表面积增大，改变了地表径流和下渗水量比重，削弱了对地下水的补给功能。城市水系渠道化，及时、迅速排除降水形成的地面径流的同时，导致土壤侵蚀严重。土壤微粒冲入河流时，会引起河床淤积和水体污染，削弱了水体的行洪功能。人们对地下水过度开采，对地表水不合理再分配，对水质的改变，削弱了城市自然水环境行洪、生态、景观、文化等功能，影响了整个城市水环境系统功能[21]。

　　因此，基于健康的城市社会水环境和低碳经济水环境系统，恢复自然河道以及完善城市水网是构建城市自然水环境系统的基础，雨水资源化是可持续城市自然水环境系统的保障。推进城镇化进程中，应正确处理城市水系与城市空间的关

系，从整体规划理念出发，保证空间结构与河流水系融合，加强城市水系与周边
建设用地的经济社会效益相互提升，还应注重与城市外围自然要素之间的连接，
提升雨水收集与利用效率，提高下垫面透水率，增加绿化面积，改善屋面和路面
材质等。基于城市水环境自然环境特质的基础，构建城市自然水环境系统，创建
宜人宜居环境，营造良好的动植物生境，兼具社会、经济及生态综合效益。

5.3.2　城市经济水环境系统

水经济就是在对水资源可持续利用基础上，将治水、护水与开发水相协调而
发展起来的经济。可持续水资源利用的根本目的就是满足人类经济社会及生态系
统的水量需求，保障人类与生态系统健康的水质安全。随着城市规模扩大、人口
增加、经济社会发展，人们对水环境质量和水资源数量需求不断增加，水环境问
题日益突出。解决这一问题的核心在于实施可持续发展的水循环经济，提高水资
源利用率，确立水循环经济、节水经济和低水经济等措施[112]。

水循环经济是将水在自然生态系统中的运动循环规律应用于水经济系统中，是
把经济、社会和环境三维复合系统整合起来的一种体现统筹发展思想的新经济，即
水资源可持续利用的经济，水经济循环是通过管道、沟渠来实现的，是人类主观意
志的体现[7]。节水经济是指调整优化配置水资源，改进用水方式，提高水的利用率，
避免水资源的浪费。低水经济是指通过转变发展模式、技术创新等方式，尽可能减
少对水资源的过度依赖和需求，以达到减少水资源的消耗，甚至实现脱水的发展方
式。无论是水循环经济，还是节水经济和低水经济，实质是提高水资源的利用率。

在推进城镇化进程中，遵循水经济的 5R 原则，以水资源学与生态经济学为
理论基础，通过技术创新工程措施的实施，构建高效低碳的城市水经济系统；以
政策与法规为支撑，采用科学综合管理措施，保障城市水经济系统的可持续发展，
实现水资源的可持续利用，改传统的水资源—使用消费—污水排放的单向流动的
线性经济为新型的水资源—使用消费—污水再生处理—水再循环，形成水资源
在经济-社会-环境复合生态系统中往复循环流动的水经济[113]。

5.3.3　城市社会水环境系统

城市社会水环境是城市自然水环境系统和经济水环境系统建立的保障，是实
现城市水环境系统可持续性发展的本质[114]。在尊重水的自然运动与变化规律的前
提下，合理地利用水资源，构建健康的社会水环境系统，发挥城市水环境的景观
和文化功能。基于高效低碳水经济系统，通过增强人们对水资源、水环境保护的
意识，促进水生态系统修复与保护、水环境系统的完善与发展[115]。

在推进城镇化进程中，通过对城市水环境的合理布局规划，构建一个良性水生生态、与外部空间有机联系、内部结构合理、景观与生态和谐的社会水环境系统[5]。构建社会水环境系统要遵循三个原则，即生态原则、社会原则和美学原则。生态原则就是在注重城市水环境承载力基础上，增加生物多样性，加强人文景观与自然景观的有机结合；社会原则是尊重地域文化与艺术，使人文景观的地方性与现代化相结合，改善居住环境，提高生活质量与促进城市文化进步；美学原则就是符合美学及行为模式，使城市形成连续和整体的水景观系统，达到观赏与实用。

水景观与水文化之间是相互依附的关系。水景观是水文化的外在表现形式。城市水文化由自然水景或人造水景构成，是人们在设置水景时借助文化思想的内涵或赋予水某种文化范畴的概念[4]。在建设社会水环境系统过程中，按照"资源、环境、生态、健康、安全"协调发展的理念，突出"保护水资源、改善水环境、促进水循环、建设水景观、延续水文化"等关键环节，弘扬可持续发展观的优秀文化传统，营造"水城共生"的城市景观，提升城市品质，构建人与水的和谐关系。

5.4　"一河三带"典型城镇化水环境系统的构建

5.4.1　理念框架

针对沈阳市浑南水网河流生态系统退化严重、生物多样性单一等问题，开展浑南水网水生态系统恢复技术研究。对浑南水网典型支流河——白塔堡河生境进行调查，分析河流水体、沉积物间隙水、沉积物的N、P营养盐以及颗粒有机物的迁移转化特征，研究营养物与有机物的时空分布规律，解析污水和污染物来源，形成典型城市河流"一河三带"理念，即农村带、城镇带、城市带。"一河三带"不同于河流的上中下游，在河流自然地理特征和水文特征的基础上，关注人类活动对河流的影响。从典型城市河流的源头到河口，通常人类活动对河流的影响强度逐渐加强，因此依据"一河三带"生境特征，研发典型城市河流的农村带平面修复技术、城镇带线面修复技术和城市带立体修复技术，集成"一河三带"的生态修复技术体系。

5.4.2　污染特征

"一河三带"污染源示意图如图5-5所示，农村带通常位于典型城市支流的上游地带，通常具有自然河流蜿蜒型的基本形态，急流、缓流、弯道及浅滩相间的格局，污染源主要是面源和农村灰水等。城市带的特征表现为河流形态直线化、河道横断面规则化、河床材料的硬质化等；污染源主要是工业废水和生活污水，即点源污染，污染物主要包括：有机物污染、重金属污染、酸碱污染、病毒细菌污染等；

河流横断面上的几何规则化，致使生境的异质性降低。城镇带位于城市河流带和农村河流带之间，是城市河流的过渡带，具有城市带和农村带的复合特征。

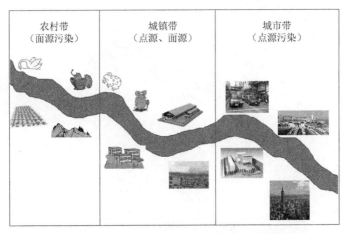

图 5-5　"一河三带" 污染源示意图

5.4.3　生态修复

1. 修复体系搭建

基于典型城市河流的 "一河三带" 特征，在城镇化进程中，搭建河流生态修复体系。

2. 生态修复技术研发

依托 "十二五" 国家科技重大专项水体污染控制与治理 "浑河中游水污染控制与水环境综合整治技术集成与示范" 课题示范工程——白塔堡河河口湿地（图 5-6），在白塔堡河河口湿地（长大约 8m，宽大约 10m）模拟白塔堡河河道，从河源头到入浑河口构建中试系统。在农村带内采用人工封育、田园湿地和面源阻隔技术，在城镇带内采用氧化沟塘、岛坝技术，在城市带内采用跌水、生态岛、生物滤池等技术（图 5-7），构建河流生态修复技术。研发农村带平面修复技术、城镇带线面修复技术和城市带立体修复技术，集成 "一河三带" 的生态修复技术体系。

（1）模拟河道。在 40m×20m 的中试场地内，建设 120m 长左右的模拟河道。其中，上游模拟河宽 0.4m，河深 0.2m；中游模拟河宽 0.8m，河深 0.4m；下游模拟河宽 1.6m，河深 1.0m。河流边坡 30°～45°，种植植物和花草，放景观石，做生态护坡技术示范。模拟河道设计平均水力停留时间为 31.5h，设计平均流量 $80 \times 24/31.5 \approx 61 m^3/d$；考虑可能需要模拟枯水期及洪水，设计水力停留时间（hydraulic retention time，HRT）可以控制在 15～40h，流量控制在 20～120m^3/d。

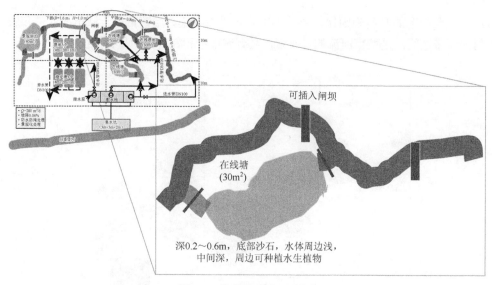

图 5-6　在线塘分布示意图

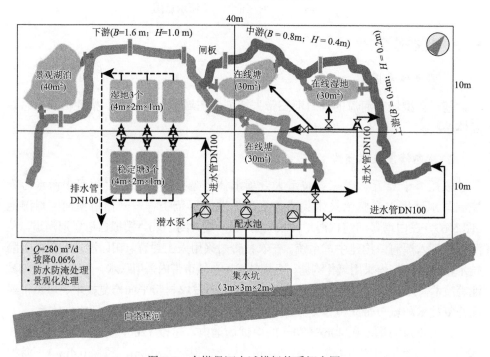

图 5-7　白塔堡河中试模拟体系概念图

（2）河道内滞留塘及湿地模拟装置。河道内滞留塘：模拟河道内水坝修建后水体滞留后水质变化情况。建设滞留塘 2 个（每个 30m²），考虑景观效果仅要求长宽比 2～3∶1，水深 0.2～0.6m，具体形状结合景观化考虑，需要在模拟河道内建设可插入闸坝。

（3）在线湿地 1 个。面积约 30m²，形状设计同滞留塘系统，水深 0.3～0.6m，种植景观植物。

（4）景观湖泊。建设景观湖泊 1 个，水深 1m 左右，用于进行水华事件中水安全控制技术实验及验证。

另外，要保障整个体系顺利运行，还需要配套集水池（20m³）、配水池、配水管网、电力系统、自控系统等。

（5）湿地系统考虑课题组抗低温的要求，需要建设独立的滞留塘及湿地系统（每组 2～3 个），研究低温影响。

潮汐流湿地：3 个，每个 2m×4m×1.5m，包括中间进水、出水，如图 5-8 所示。

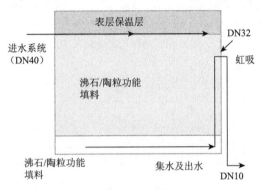

图 5-8　潮汐流湿地示意图

循环流湿地：3 个水体在湿地内循环流动，建立厌氧＋好氧演替的系统，持续去除水体中的 N 和 P，如图 5-9 和图 5-10 所示。

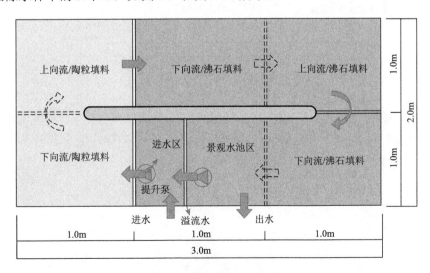

图 5-9　循环流湿地平面图

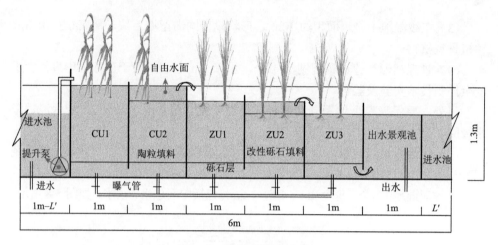

图 5-10　循环流湿地剖面图

常规水平潜流湿地：3 个，做对比实验（图 5-11）。

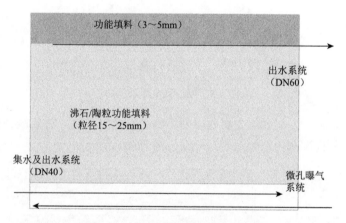

图 5-11　常规水平潜流湿地示意图

（6）面源污染控制系统。建设 1 个面源污染控制模拟系统，主要利用边坡 + 河道进行处理（图 5-12），包括城市绿地预阻截 + 砾石床/湿地组合景观 + 河道湿地 + 河道滞留塘系统。

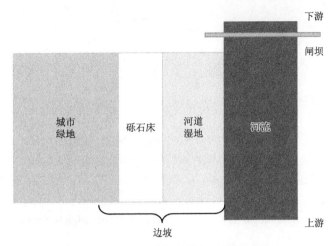

图 5-12　面源污染控制模拟系统示意图

5.5　城市水环境系统构建小结

城镇化是我国经济社会发展的重要组成部分，是城市化必经之路。本章分析城市水环境的地理区位、景观生态和低碳经济等理论，阐述了城市水环境体系构建内容。城市水环境系统包括自然水环境、经济水环境和社会水环境三个部分，其中，自然水环境是基础，高效的经济水环境是核心，健康的社会水环境是本质。城市水环境系统，依靠科学的理论为指导、先进的技术为支撑，更需要合理完善的保障制度体系。基于浑南水网典型支流——白塔堡河生境进行调研分析，发现河流水体，沉积物间隙水，沉积物的物理、化学、生物、有机物的空间呈现农村、城镇、城市分布特征，提出了城镇化河流"一河三带"理念，研发典型城市河流的农村带平面修复技术、城镇带线面修复技术和城市带立体修复技术，集成了"一河三带"的生态修复技术体系。

参 考 文 献

[1] 李颖. 城市水环境承载力及其实证研究[D]. 哈尔滨：哈尔滨工业大学，2009.

[2] 徐瑾. 城市水循环系统发展规划与评价研究[D]. 天津：天津大学，2011.

[3] 李琴. 基于雨水资源化的城市生态环化水环境构建——以西安市为例[D]. 西安：西安石油大学，2012.

[4] Zhang Y. Urban metabolism：A review of research methodologies[J]. Environmental Pollution，2013，178：463-473.

[5] 黄静. 城市水景观规划初探[J]. 中国城市林业，2012，10（3）：33-36.

[6] 宫蕾. 城市水景观设计的创新性研究——以济南市为例[D]. 济南：山东轻工业学院，2012.

[7] 胡琴. 现代水经济与武汉市水环境保护市场化机制研究[D]. 武汉：武汉理工大学，2004.

[8] 洪银兴. 新阶段的城镇化需要政府积极引导[N]. 人民日报，2013-07-17（7）.

[9] 侯贵光，吴舜泽，孙宁. 城镇化视角下环境基本公共服务均等化发展方向[J]. 环境保护，2013，41（16）：54-55.

[10] 周琳，彭洁. 中国城镇化发展模式与发展战略初探[J]. 经济研究导刊，2009，46（8）：79-81.

[11] 国家统计局. 中华人民共和国 2020 年国民经济和社会发展统计公报[EB/OL]. (2021-02-28). http://www.stats.gov.cn/tjsj/zxfb/202102/t20210227_1814154.html.

[12] 张颢瀚，张超. 地理区位、城市功能、市场潜力与大都市圈的空间结构和成长动力[J]. 学术研究，2012，11：84-90.

[13] Davies P J，Wright I A. A review of policy，legal，land use and social change in the management of urban water resources in Sydney，Australia：A brief reflection of challenges and lessons from the last 200 years[J]. Land Use Policy，2014，36：450-460.

[14] Perrow M R，Davy A J. Handbook of Ecological Restoration[M]. Cambridge：Cambridge University Press，2002.

[15] 陈莉，吴小寅. 城市内河环境综合整治工程环境影响评价探讨[J]. 环境科学导刊，2007，26（2）：83-87.

[16] 张春梅，张小林，吴启焰，等. 城镇化质量与城镇化规模的协调性研究——以江苏省为例[J]. 地理科学，2013，33（1）：16-22.

[17] Moss B. Ecology of Freshwaters，Man and Medium，Past to Future [M]. Third editon. Oxford：Blackwell Science，1998.

[18] Poff L N，Allan D，Bain M B. The natural flow regime：A paradigm for river conservation and restoration[J]. Bioscience，1997，47：769-784.

[19] 王然，夏星辉，孟丽红. 水体颗粒物的粒径和组成对多环芳烃生物降解的影响[J]. 环境科学，2006，27（5）：855-861.

[20] 李阔宇，宋立荣，万能. 底泥中铜绿微囊藻复苏和生长特性的研究[J]. 水生生物学报，2004，28（2）：113-118.

[21] 王秀艳，朱坦，王启山，等. 城市水循环途径及影响分析[J]. 城市环境与城市生态，2008，16（4）：54-56.

[22] 生态环境部. 2020 中国生态环境状况公报[EB/OL]. (2021-05-24). https://www.mee.gov.cn/hjzl/sthjzk/zghjzkgb/ 202105/P020210526572756184785.pdf.

[23] Douglas L. Urban ecology and urban ecosystems：Understanding the links to human health and well-being[J]. Current Opinion in Environmental Sustainability，2012，4：385-392.

[24] Gundula E，Martin K，Peter F. Comparing field and microcosm experiments：A case study on methano-and methylo-trophic bacteria in paddy soil[J]. Microbiology Ecology，2005，51（2）：279-285.

[25] 聂湘平，魏泰莉，蓝崇钰. 多氯联苯在模拟水生态系统中的分布、积累与迁移动态研究[J]. 水生生物学报，2004，28（5）：478-483.

[26] 黄玉瑶，高玉荣，任淑智，等. 模型池塘生态系统的设计与应用研究[J]. 应用与环境生物学报，1995，1（2）：103-113.

[27] 毕相东，张树，张波，等. 微宇宙法分析小聚碱对模拟池塘生态系统的影响[J]. 南开大学学报，2012，45（5）：58-64.

[28] 梁恒，陈忠林，瞿芳术，等. 微宇宙环境下藻类生长与理化因子回归研究[J]. 哈尔滨工业大学学报，2010，42（6）：841-844.

[29] 张毅敏，金洪钧. EDTA 对 Cu 在水生微宇宙中的毒性和分布的影响[J]. 应用生态学报，1999，10（4）：485-488.

[30] 况琪军. 人工模拟生态系统中水生植物与藻类的相关性研究[J]. 水生生物学报，1997，21（1）：90-93.

[31] 陈开宁，李文朝，吴庆龙，等. 滇池蓝藻对沉水植物生长的影响[J]. 湖泊科学，2003，15（4）：364-368.

[32] 刘书宇，马放，张建祺. 景观水体富营养化模拟过程中藻类演替及多样性指数研究[J]. 环境科学学报，2007，27（2）：337-341.

[33] 马国清. 慈溪市里杜湖水库机械治藻研究[J]. 浙江水利科技，2002，3：66-67.

[34] 陆开宏. 富营养化水体治理与修复的环境生态工程[J]. 环境科学学报，2002，22（6）：732-737.

[35] Blindow I，Andersson G，Harbeby A. Long-term pattern of alternative stable states in two shallow eutrophic lakes[J]. Freshwater Biology，1993，30：159-167.

[36] 顾宗濂. 中国富营养化湖泊的生物修复[J]. 农村生态环境，2002，18（1）：42-45.

[37] Shapiro J，Lamarra V，Lynch M. Biomanipulation: An Ecosystem Approach to Lake Restoration[M]. Gainesville：University Press of Florida，1975.

[38]　李雪梅，杨中艺. 有效微生物群控制富营养化湖泊蓝藻的效应[J]. 中山大学学报，2000，39（1）：81-85.

[39]　杨楠，于会彬，宋永会. 白塔堡河上覆水与沉积物间隙水 N、P 分布特征[J]. 环境科学研究，2013，26（7）：728-735.

[40]　杨楠，于会彬，宋永会. 应用多元统计研究城市河流沉积物孔隙水中 DOM 紫外光谱特征[J]. 环境科学学报，2014，34（7）：1751-1757.

[41]　Angelidis T N. Comparison of sediment pore water sampling for specific parameters using two techniques[J]. Water，Air，and Soil Pollution，1997，99（1-4）：179-185.

[42]　张丽洁，姚德，梁宏锋. 东太平洋海盆沉积物间隙水地球化学研究[J]. 地球化学，1994，23（增刊）：201-209.

[43]　魏复盛. 水和废水监测分析方法[M]. 北京：中国环境科学出版社，2002.

[44]　刘振儒，安娣. PAC 与粘土矿物混凝去除颤藻及残余铝形态研究[J]. 环境工程学报，2008，2（2）：1647-1650.

[45]　Yu H，Xi B，Jiang J. Environmental heterogeneity analysis，assessment of trophic state and source identification in Chaohu Lake，China[J]. Environmental Science and Pollution Research，2011，18（8）：1333-1342.

[46]　Yu H，Song Y，Liu J，et al. UV spectroscopyic deconvolution（UVSD）method for simultaneous evaluation of humification and salinization processes of saline soil[J]. Fresenius Environmental Bulletin，2012，21（8）：2010-2016.

[47]　Chen W，Westerhoff P，Leenheer J A，et al. Fluorescence excitation-emission matrix regional integration to quantify spectra for dissolved organic matter[J]. Environmental Science and Technology，2003，37（24）：5701-5710.

[48]　Bilal M，Jaffrezic A，Dudal Y，et al. Discrimination of farm waste contamination by fluorescence spectroscopy coupled with multivariate analysis during a biodegradation study[J]. Journal of Agriculture and Food Chemsitry，2010，58：3093-3100.

[49]　Bro R. PARAFAC：Tutorial and applications[J]. Chemometrics and Intelligent Laboratory Systems，1997，38（2），149-171.

[50]　Stedmon C A，Bro R. Characterizing dissolved organic matter fluorescence with parallel factor analysis：A tutorial[J]. Limnology and Oceanography，2008，6：572-579.

[51]　Garcia J S，da Silva G A，Arruda M A，et al. Application of Kohonen neural network to exploratory analyses of synchrotron radiation x-ray fluorescence measurements of sunflower metalloproteins[J]. X Ray Spectromthod，2007，36：122-129.

[52]　Rhee J I，Lee K I，Kim C K，et al. Classification of two-dimensional fluorescence spectra using self-organizing maps[J]. Biochemistry Engineering of Journal，2005，22：135-144.

[53]　Park Y S，Céréghino R，Compin A，et al. Applications of artificial neural networks for patterning and predicting aquatic insect species richness in running waters[J]. Ecological Modelling，2003，160：265-280.

[54] Yu H，Song Y，Liu R，et al. Variation of dissolved fulvic acid from wetland measured by UV spectrum deconvolution and fluorescence excitation-emission matrix spectrum with self-organizing map[J]. Journal of Soils and Sediments，2014，14（6）：1088-1097.

[55] Yu H，Song Y，Tu X，et al. Assessing removal efficiency of dissolved organic matter in wastewater treatment using fluorescence excitation emission matrices with parallel factor analysis and second derivative synchronous fluorescence[J]. Bioresource Technology，2013，144（7）：595-601.

[56] Zhou F，Guo H，Liu Y，et al. Chemometrics data analysis of marine water quality and source identification in Southern HongKong[J]. Marine Pollution Bullitin，2007，54（6）：745-756.

[57] 范成新，秦伯强. 梅梁湖和五里湖水-沉积物界面的物质交换[J]. 湖泊科学，1998，10（1）：73-78.

[58] Serruya C，Edelstein M，Pollingher U. Lake Kinneret sediments：Nutrient composition of the pore water and mud water exchanges[J]. Limnology Oceanography，1974，19（3）：489-508.

[59] 叶曦雯，刘素美，张经. 鸭绿江口潮滩沉积物间隙水中的营养盐[J]. 环境科学，2002，23（3）：92-96.

[60] McComb A J，Qiu S，Lukatelich R J，et al. Spatial and temporal heterogeneity of sediment phosphorus in the Peel-Harvey estuarine system[J]. Estuarine，Coastal and Shelf Science，1998，47（5）：561-577.

[61] 石峰. 营养盐在东海沉积物-海水界面交换速率和交换通量的研究[D]. 青岛：中国海洋大学，2003：21-29.

[62] 张德荣，陈繁荣，杨永强. 夏季珠江口外近海沉积物/水界面营养盐的交换通量[J]. 热带海洋学报，2005，24（6）：53-60.

[63] Boström B，Andersen J M，Fleischer S，et al. Exchange of phosphorus across the sediment-water interface[J]. Hydrobiologia，1988，170（1）：229-244.

[64] 胡俊，刘永定，刘剑彤. 滇池沉积物间隙水中氮、磷形态及相关性的研究[J]. 环境科学学报，2005，25（10）：1391-1396.

[65] 张文涛. 浅议湖库富营养化的评价方法和分级标准[J]. 珠江现代建设，2010，2（1）：9-12.

[66] Coble P G. Characterization of marine and terrestrial DOM in seawater using excitation-emission matrix spectroscopy[J]. Marine Chemistry，1996，51（4）：325-346.

[67] Hudson N，Baker A，Ward D，et al. Can fluorescence spectrometry be used as a surrogate for the Biochemical Oxygen Demand（BOD）test in water quality assessment? An example from South West England[J]. Science of Total Environment，2008，391（1）：149-158.

[68] 傅平青，吴丰昌，刘丛强. 洱海沉积物间隙水中溶解有机质的地球化学特性[J]. 水科学进展，2005，16（3）：338-344.

[69] 占新华，周立祥，沈其荣. 污泥堆肥过程中水溶性有机物光谱学变化特征[J]. 环境科学学报，2001，21（4）：470-474.

[70] Peuravuori J，Pihlaja K. Isolation and characterization of natural organic matter from lake

water: Comparison of isolation with solid adsorption and tangential membrane filtration[J]. Environment International, 1997, 23 (4): 441-451.

[71] Deflandre B, Gagné J. Estimation of dissolved organic carbon (DOC) concentrations in nanoliter samples using UV spectroscopy[J]. Water Research, 2001, 35 (13): 3057-3062.

[72] Helms J R, Stubbins A, Ritchie J D, et al. Absorption spectral slopes and slope ratios as indicators of molecular weight, source, and photobleaching of chromophoric dissolved organic matter[J]. Limnology and Oceanography, 2008, 53 (3): 955-959.

[73] Nishijima W, Kim W H, Shoto E, et al. The performance of an ozonation-biological activated carbon process under long term operation[J]. Water Science and Technology, 1998, 38 (6): 163-169.

[74] 岳兰秀, 吴丰昌, 刘丛强, 等. 红枫湖和百花湖天然溶解有机质的分子荧光特征与分子量分布的关系[J]. 科学通报, 2005, 50 (24): 2774-2780.

[75] Sonia R G B, Jorge N, Wagner J B. Origin of dissolved organic carbon studied by UV-vis spectroscopy[J]. Acta Hydrochimica et Hydrobiologica, 2003, 31 (6): 513-518.

[76] Wang F L, Bettany J R. Influence of freeze-thaw and flooding on the loss of soluble organic carbon and carbon dioxide from soil[J]. Journal of Environmental Quality, 1993, 22 (4): 709-714.

[77] 陶澍, 崔军, 张朝生. 水生腐殖酸的可见-紫外光谱特征[J]. 地理学报, 1990, 45 (4): 484-489.

[78] Chend Y, Senesi N, Schnitzer M. Information provided on humic substances by E4/E6 ratios[J]. Soil Science Society of America Journal, 1977, 41 (2): 352-358.

[79] Baes A U, Bloom P R. Fulvic acid ultraviolet-visible spectra: Influence of solvent and pH[J]. Soil Science Society of America Journal, 1990, 54 (5): 1248-1254.

[80] Careder K L, Steward R G, Harvey G R. Marine humic and fulvic acids: Their effects on remote sensing of ocean chlorophyll[J]. Limnology and Oceanography, 1989, 34 (1): 68-81.

[81] Albrecht R, Le Petit J, Terrom G. Comparison between UV spectroscopy and nirs to assess humification process during sewage sludge and green wastes co-composting[J]. Bioresource Technology, 2011, 102 (6): 4495-4500.

[82] Santos L M, Simões M L, José W. Application of chemometric methods in the evaluation of chemical and spectroscopic data on organic matter from Oxisols in sewage sludge applications[J]. Geoderma, 2010, 15 (5): 121-127.

[83] Battin T J. Dissolved organic matter and its optical properties in a blackwater tributary of the upper Orinoco river, Venezuela[J]. Organic Geochemistry, 1998, 28 (9-10): 561-569.

[84] Bieroza M, Baker A, Bridgeman J. Exploratory analysis of excitation-emission matrix fluorescence spectra with self-organizing maps as a basis for determination of organic matter removal efficiency at water treatment works[J]. Journal of Geophysical Research, 2009, 114: 1-8.

[85] Bieroza M, Baker A, Bridgeman J. Classification and calibration of organic matter fluorescence data with multiway analysis methods and artificial neural networks: An operational tool for improved drinking water treatment[J]. Environmentrics, 2011, 22: 256-270.

[86] 孟凡德, 姜霞, 金相灿. 长江中下游湖泊沉积物理化性质研究[J]. 环境科学研究, 2004,

17（z1）: 24-29.

[87] 孙惠民, 何江, 高兴东. 乌梁素海沉积物中全磷的分布特征[J]. 沉积学报, 2006, 24（4）: 579-584.

[88] 高兴东. 岱海湖泊营养盐的环境地球化学特征研究[D]. 呼和浩特: 内蒙古大学, 2006.

[89] 万国江, 白占国, 王浩然. 洱海近代沉积物中碳-氮-硫-磷的地球化学记录[J]. 地球化学, 2000, 29（2）: 189-197.

[90] 张晓晶, 李畅游, 张生. 乌梁素海表层沉积物营养盐的分布特征及环境意义[J]. 农业环境科学学报, 2010, 29（9）: 1770-1776.

[91] 冯峰, 王辉, 方涛, 等. 东湖沉积物中微生物量与碳、氮、磷的相关性[J]. 中国环境科学, 2006, 26（3）: 342-345.

[92] 杨丽原, 沈吉, 刘恩峰. 南四湖现代沉积物中营养元素分布特征[J]. 湖泊科学, 2007, 19（4）: 390-396.

[93] 邹华, 潘纲, 阮文权. 壳聚糖改性粘土絮凝除藻的机理探讨[J]. 环境科学与技术, 2007, 30（5）: 8-13.

[94] 赵伟涛. 城镇化语境下的农村社会生态环境研究——以 LZ 村为例[D]. 重庆: 西南大学, 2010.

[95] Mcdonald R I, Foreman R T T, Kareiva P. Urban effects, distance, and protected areas in an urbanizing world [J]. Landscape and Urban Planning, 2009, 93: 63-75.

[96] 吕文明, 刘海燕. 湖南省城镇化区域差异与协调发展对策[J]. 经济地理, 2007, 27（3）: 485-487.

[97] Mori K, Christodoulou A. Review of sustainability indices and indicators: Towards a new City Sustainability Index（CSI）[J]. Environmental Impact Assessment Review, 2012, 32: 94-106.

[98] 倪外, 曾刚. 国外低碳经济研究动向分析[J]. 经济地理, 2010, 30（8）: 1240-1247.

[99] 唐娅娇, 谭丹. 长株潭城市群推进低碳城镇化的思考[J]. 经济地理, 2011, 31（5）: 770-772.

[100] 邢忠, 陈诚. 河流水系与城市空间结构[J]. 城市发展研究, 2007, 14（1）: 27-32.

[101] 刘存丽. 南京市景观生态空间格局的变化及调优措施[D]. 南京: 南京农业大学, 2006.

[102] Kumar V, Rouquette J R, Lerner D N. Integrated modelling for Sustainability Appraisal of urban river corridors: Going beyond compartmentalised thinking[J]. Water Research, 2013, 47: 7221-7234.

[103] 张兴文. 城市水循环经济模式与技术支持系统[D]. 大连: 大连理工大学, 2006.

[104] 许涛. 城市水系规划的环境学途径研究及应用[D]. 天津: 天津大学, 2001.

[105] 陈长太, 阮晓红. 小城镇可持续发展与水污染问题探讨[J]. 小城镇建设, 2002, 7: 50-51.

[106] Pickett S T A, Cadenasso M L, Grove J M. Urban ecological systems: Scientific foundations and a decade of progress[J]. Journal of Environmental Management, 2011, 92: 331-362.

[107] 徐琳瑜, 杨志峰, 李巍. 论生态优先与城区环境保护规划[J]. 中国人口·资源与环境, 2004, 14（3）: 57-62.

[108] 解睿. 我国城市水资源循环利用的法律思考[D]. 杭州: 浙江农林大学, 2012.

[109] Schirmer M, Leschik S, Musolff A. Current research in urban hydrogeology—A review[J]. Advances in Water Resources, 2013, 51: 280-291.

[110] Martínez-Paz J, Pellicer-Martínez F, Colino J. A probabilistic approach for the socioeconomic assessment of urban river rehabilitation projects[J]. Land Use Policy, 2014, 36: 468-477.

[111] Jia H, Ma H, Wei M. Urban wetland planning: A case study in the Beijing central region[J]. Ecological Complexity, 2011, 8: 213-221.

[112] Lemos D, Dias A C, Gabarrell X. Environmental assessment of an urban water system[J]. Journal of Cleaner Production, 2013, 54: 157-165.

[113] Vollmer D, Grêt-Regamey A. Rivers as municipal infrastructure: Demand for environmental services in informal settlements along an Indonesian river [J]. Global Environmental Change, 2013, 23: 1542-1555.

[114] Astaraie-imani M, Kapelan Z, Fu G. Assessing the combined effects of urbanisation and climate change on the river water quality in an integrated urban wastewater system in the UK[J]. Journal of Environmental Management, 2012, 112: 1-9.

[115] Jacobson C. Identification and quantification of the hydrological impacts of imperviousness in urban catchments: A review[J]. Journal of Environmental Management, 2011, 92: 1438-1448.

彩　图

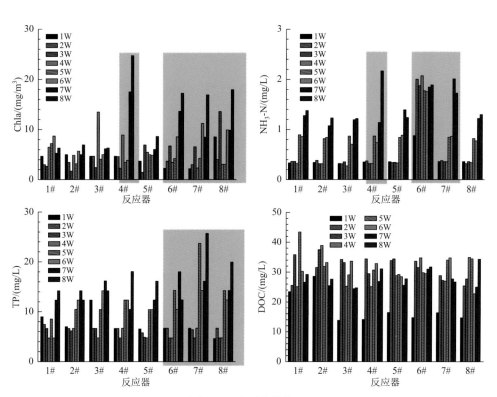

图 4-24　水质变化情况

1W 表示第一周，其余类推

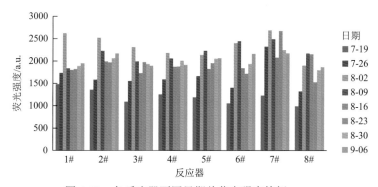

图 4-28　各反应器不同日期总荧光强度特征

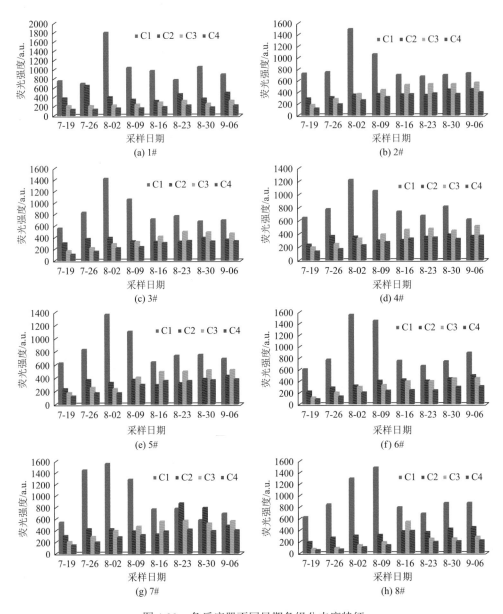

图 4-29　各反应器不同日期各组分丰度特征